U0180202

浩瀚

Pocket Einstein

永不止步的太空探索

10 Short Lessons in Space Travel

[英] 保罗·帕森斯 — 著

王 凌 李悦宁 — 译

北京联合出版公司
Beijing United Publishing Co.,Ltd.

目录

前言
III

前言

　　我最早的童年记忆里存放着一些关于魔法世界的鲜活画面，不是魔幻故事中的纳尼亚王国，也不是小熊维尼居住的百亩森林，而是一颗名为火星的红棕色星球。记得那是 1976 年，世界首款超音速客机——协和式飞机（Concorde）飞上天空，29 个国家联合抵制奥运会，抗议南非的种族隔离制度，家用录像带首次上市。同年 7 月 20 日，也就是我五岁生日的前一个月，美国国家航空航天局（NASA）的"海盗 1 号"（Viking 1）着陆器登陆火星，传回了有史以来第一张火星表面的照片。我至今仍记得当时在新闻报道中看到的盛景奇观，浅鲑鱼色的浪漫天幕下，探测器的着陆腿牢牢踩在布满岩石的火星土壤上，整个世界都被这颗星球染成了幽幽的锈红色。幼年的我深深为之迷醉了。

　　"海盗 1 号"传回的影像具象了太空这一概念，宇宙从此不再遥不可及，反而变得真实可触。实际上，之前已经有航天员传回了在轨道上或在月球表面拍摄的照片，也有望远镜捕捉到的木星等遥远行星的图像。但是，这些照片令人感到不可思议的同时，也给人陌生感和抽象感，人们很难将其与自己在现实世界中的所见所闻联系起来。而"海盗1号"和两个月后登陆火星的"海盗2号"传回的图像，向人们展示了一个与地球极其相似的世界，如若不仔细辨别，只草草掠过一眼，甚至会误以为这就是我们的地球。看着这些图像，你就仿佛置身其中，火星几乎触手可及。

如今，人类的太空事业正处于关键时刻。近50年来，人类航天员首次准备重返月球，并希望能够步履不停，继续前往火星甚至更遥远的宇宙深处。人类最后一次踏上月球是在1972年，此后就再也没有离开过近地轨道。而现在，NASA对探索月球和相关的科学研究重燃兴趣，我们因此得以见证即将开启的新一轮太空探索活动。NASA的计划十分宏伟，甚至包括在月球轨道上建立一个空间站，以及迅速发展私人太空公司和太空旅游产业。

然而，这并不仅仅是为了在太空留下人类的旗帜和足迹。未来十年将有一拨新的深空探测器升空，去探索太阳系的行星及其卫星。新的火星登陆任务将试图观察火星上是否存在过的生命的化学特征和地质特征，并部署一架侦察直升机从空中勘察这颗红色星球。而哈勃太空望远镜（Hubble Space Telescope）的继承者——神通广大的詹姆斯·韦伯太空望远镜（James Webb Space Telescope），也将开始其主要任务：研究行星、恒星和第一代星系（由许多恒星组成的星系群，如银河系）的诞生过程，这些星系数十亿年前在早期宇宙"热汤"中凝结而成。除此之外，人类还肩负着其他新的任务，如前往太阳系外域，研究气态巨行星——木星和土星，还有它们的卫星，其中一些行星的冰冻表面下可能潜藏着液态水形成的海洋。这些飞行任务的调查结果很可能像以前的"海盗号"一样，激励下一代天文学家和航天科学家。

本书是对太空旅行科学的简要介绍，从 19 世纪俄国火箭先驱康斯坦丁·齐奥尔科夫斯基（Konstantin Tsiolkovsky）的思索开始，到东西方太空竞赛和成功登月的盛况和荣耀，再到航天飞机和国际空间站的稳步发展，最后到人类探险家探访其他星系或定居其他星球的惊人未来概念，都一一记叙在册。

探索太空对了解宇宙和认识我们在其中的位置不可或缺，而且很可能对人类的最终生存产生至关重要的作用。所以，快快爬上宇宙飞船，系好安全带，让自己坐得舒服点，我们这就开始下一次飞跃！

保罗·帕森斯

第 1 章

我们的太空历程

成为第一个踏入宇宙的人，独自一人与大自然进行一场史无前例的决斗，这难道不是一个人的终极梦想吗？

——尤里·阿列克谢耶维奇·加加林

（Yuri Alekseyevich Gagarin）

　　焦虑感令你的胃里翻江倒海，你几欲干呕，口干舌燥。但谁又能责怪你呢？你正被绑在比办公大楼还高的运载火箭顶端的飞船里。火箭装载了足量的燃料，准备发射，点燃后产生的推力相当于一个小型核武器的威力。

　　你已经在座位上坐了将近三个小时，地面飞行控制中心正对飞船系统进行反复测试，你则耐心地等待着。自始至终，你都在内心默默演练着此次飞行任务，在脑海中设想着各类偶发事件，并祈祷一切顺利。现在，倒计时进入了最后时刻。

　　你还没来得及进一步思考，就感到一阵颠簸，紧接着是隆隆巨响。飞船在主发动机点燃时开始剧烈地摇晃。当主发动机加速至最大功率时，数千吨力的推力将你和火箭投掷向天空。火箭推力与地心引力相对抗，最终火箭推力战胜地心引力。飞行一分钟后，你的速度就已经比声速快了。继续加速时，你会听到外面的风轰击运载火箭纤薄的外壳时发出的怪异响声。再过一小会儿，随着一声巨响，你的后背仿佛被狠狠踢了一脚，就是在这时，火箭的一级发动机被抛掷下去，二级发动机随之启动。你现在位于 60 千米的高空，以 10000 千米/时的速度前进，而且仍在加速。渐渐地，天色越来越暗，大气越发稀薄，风和轰击声也随之逐渐消失了。

目前你已正式进入轨道，在距离地球表面 300 千米的高空以大约 28000 千米/时的速度飞行，也就是 7.8 千米/秒，是音速的二十多倍。

忽然，发动机关闭了，你首次体验了失重，感觉像从座位上飘浮起来，直到安全带将你拉回原位。而你的胃就没那么幸运了，它仿佛被提到了嗓子眼，那感觉就像永远在拱桥的顶部开车一样。向窗外望去，云影重重间，一个珍珠蓝色的球体在漆黑的夜幕中闪着盈盈的光，地球就在你脚下旋转。此时就要恭喜你，已经成为最新一个踏足神秘的宇宙空间的人类探险家。

奇幻人生

小说作为一种传递思想的便捷工具，承载了人类难以置信的宏伟构想，但它也真实记录了人类漫长的太空之旅是如何迈出第一步的。

也许，第一个关于人类挣脱地球束缚、开启太空之旅的故事是由萨莫萨塔的亚述作家琉善（Lucian）在公元 160 年创作的。这部作品名为《一个真实的故事》（*A True Story*），讲述了一群水手的船被风暴吹离了航线，卷入可怕的旋风，并被丢弃在月球之上的故事。在月球上，水手们发现了许多奇异的外星生命体，它们一些忠于月球，另一些忠于太阳，并终日囿于这场野蛮的冲突之中，然而最终却相安无事。

别说什么人类不属于宇宙。人类属于任何他心之所往的地方——当他如愿以偿，他一定不负众望。

——沃纳·冯·布劳恩

德国天文学家约翰尼斯·开普勒（Johannes Kepler）用公式

阐述控制着整个太阳系运转的行星的运行定律，即开普勒三大定律，并以此闻名。然而，在 17 世纪早期，他创作了一篇名为《梦》（*Somnium*）的科幻故事。这篇手稿描述了一次月球之旅，根据他所相信的日心说（在当时具有革命性），描写了从月球这个非同寻常的有利位置来观察，天空可能会是什么模样。

这两个故事所产生的魔力吸引了更多勇敢的探险家踏入太空。直到 19 世纪晚期，小说才开始弥合太空旅行的幻想概念和实际可行的技术之间的差距，使幻想更贴合实际。在儒勒·凡尔纳（Jules Verne）1865 年的经典电影《从地球到月球》（*From the Earth to the Moon*）及其续集《环绕月球》（*Around the Moon*）中，三名航天员被一门巨大的加农炮发射到太空中。再到后来，赫伯特·乔治·威尔斯（H.G. Wells）也创作了一本小说，名为《最早登上月球的人》（*The First Men in the Moon*），讲述了航天员们被一种反重力物质推上月球的故事。

所有文明要么迈向宇宙，要么彻底消亡。

——卡尔·萨根（Carl Sagan）

　　大概就是在这段时期，人们开始着手把有关太空旅行的幻想变成科学事实。1903 年，俄国科学家康斯坦丁·齐奥尔科夫斯基发表了一篇名为《用火箭推进器探索宇宙空间》(*Exploration of Outer Space by Means of Rocket Devices*)的文章，他在文中详细描述了如何利用火箭飞离地球并在行星之间穿梭飞行。

　　同年 12 月 17 日，在北卡罗来纳州的基蒂霍克，奥维尔·莱特与哥哥威尔伯完成了动力飞机的首次飞行。莱特飞机是一架翼展 12 米的双翼飞机，由一个 12 马力的汽油发动机驱动两个螺旋桨来实现飞行。在 12 月 17 日这一天，莱特飞机进行了四次试飞，最长的一次持续了 59 秒，飞行距离为 260 米，虽然不长，但这是个很好的开始，人类自此不再被束缚于地球表面。

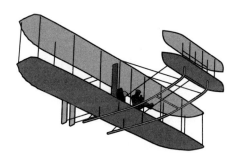

图 1-1　世界上第一架动力飞机

从此以后，人类进步的速度惊人。1908 年，法国飞行员路易斯·布莱里奥（Louis Blériot）飞越了英吉利海峡。到了第一次世界大战爆发的时候，也就是莱特兄弟首次试飞成功的十多年之后，此时的飞机已经升级换代到足以被改造为强大的军事武器。

火箭技术也在不断进步。美国一位名叫罗伯特·戈达德（Robert Goddard）的工程师和发明家将齐奥尔科夫斯基的宏伟设想变为了现实。1926 年，他在马萨诸塞州的奥本发射了世界上第一枚应用液体燃料推进的火箭。这枚被命名为"内尔"（Nell）的火箭由一台液氧汽油发动机驱动，在持续 2.5 秒的飞行中到达12.5 米的高空。到了 20 世纪 30 年代，戈达德研制的制导火箭可以突破音障[1]，达到近 3 千米的高度。

但戈达德并非唯一对齐奥尔科夫斯基的工作产生兴趣的人。在欧洲，一位热情的年轻科学家沃纳·冯·布劳恩（Wernher von Braun）被任命为德国陆军火箭研究小组的技术主任。到了 1934年，他们的"A2"火箭所取得的成就几乎可以与戈达德的"内尔"火箭比肩。然而，冯·布劳恩和他的团队正在开展另一项计划，也是他们最雄心勃勃的计划。1942 年，名为"A4"的新型火箭

---

1. 飞机的飞行速度接近声速时，进一步提高飞行速度所遇到的阻力激增、升力下降、力矩不稳定以及机翼和尾翼出现抖振等问题。

试飞成功，它身长 14 米，是"A2"火箭的 10 倍，首次飞行就达到了 189 千米的高度，成为第一个探访太空的人造物体。

"A4"火箭后来安装了一个爆破弹头，并改名为"V2"。它的射程超过 300 千米，是世界第一枚远程弹道导弹，在第二次世界大战接近尾声时，它对同盟国城市造成了毁灭性的打击。

冷战

"二战"结束之后，苏联和美国成为世界上的两大主导力量，冷战就此拉开序幕。冷战期间，美国（及其盟友）与苏联相互遏制，这种对峙的状态一直持续到 20 世纪 90 年代初。

在这一时期，占据主导地位的关键是掌握当时的新技术——核能，同盟国在广岛和长崎造成的毁灭性影响已经充分证明了这一点；第二个关键就是掌握航空航天技术，"V2"火箭的成功已经毫无疑问地证明了该领域的发展潜力。

美苏之间为征服太空而进行的竞争被称为太空竞赛。双方都夺取了纳粹德国"V2"火箭的硬件及相关人才和资料，并在"二战"即将结束时设法获得了研制"V2"火箭的科学家们的服务。

图 1-2 "V2"火箭

在美国的"回纹针行动"（Operation Paperclip）中，纳粹科学家获得了美国公民身份，并豁免了对他们的战争罪指控。开发和研制"V2"火箭的佩内明德和米特尔鲍多拉是"二战"期间在恶劣条件下雇佣奴隶劳工的集中营，有一万多人丧命于此，还有更多的人死于纳粹科学家制造的武器。沃纳·冯·布劳恩就是美国通过"回纹针行动"雇佣的科学家之一。他因出众的天资而迅速得到赏识，成为美国火箭项目的总设计师，先是在陆军，后来效力于 NASA。

而苏联在这场较量中的表现就相当有失公平了。苏联人强迫纳粹科学家，确切地说是用枪口抵着他们的脑袋，威胁其为苏联的

火箭研发项目效力，主持该项目的是苏联工程师谢尔盖·科罗廖夫
（Sergei Korolev）。

美苏双方早期都在研发洲际弹道导弹（ICBMs），外观和"V2"
火箭相近，但其威力足以运载大当量核弹头，并将其从地球的一端
投掷向另一端。苏联人制造了"R7"火箭，继而制造了"斯普特尼克号"
（Sputnik）人造卫星和"东方号"（Vostok）飞船，后来又研制了"联
盟号"（Soyuz）飞船。

冯·布劳恩的团队在新墨西哥州的美军白沙导弹试验场开
始了工作。他们将一枚小型"女兵下士"探测火箭安装到"V2"
火箭的顶部，创造了史上第一枚二级火箭。1950年，在代号为"缓
冲器—女兵下士"（Bumper-WAC）的计划中升空的一枚火箭，
成为从佛罗里达州新建立的卡纳维拉尔角发射的第一枚火箭。

直到20世纪50年代末，美苏发展航天技术的重点才由军
事应用转移到太空竞赛上。到1957年，两个国家都宣布了要将
一颗人造卫星送入绕地轨道的计划。苏联首先实现了这一目标，
于当年10月4日发射了"斯普特尼克1号"卫星，随后于11月
3日发射了"斯普特尼克2号"卫星，上面还搭载了实验狗莱卡
（Laika），它是第一只进入地球轨道的动物。

1957 年 12 月，美国第一次尝试发射的卫星"先锋 TV3"
（Vanguard-TV3）在发射台上轰然爆炸，全球媒体纷纷报道，使
情况越来越糟。不过他们很快就重振旗鼓，1958 年 1 月 31 日，
"探险者 1 号"（Explorer 1）人造卫星从卡纳维拉尔角完美起飞，
不久后就进入了既定轨道，并维持着正常运行直至 1970 年。

NASA 于 1958 年的晚些时候成立，次年用"红石"运载
火箭（Redstone rocket）将人类送上太空的水星计划（Mercury
programme）也随之启动。"红石"运载火箭是冯·布劳恩及其
团队开发的弹道导弹之一，目前位于亚拉巴马州亨茨维尔。

但苏联人又一次抢占了先机。1961 年 4 月 12 日，尤里·阿
列克谢耶维奇·加加林驾驶他的"东方 1 号"飞船绕地球飞行了
一圈，不久后返回陆地。"东方号"随后又成功进行了五次飞行。

尤里·阿列克谢耶维奇·加加林

尤里·阿列克谢耶维奇·加加林出生在苏联斯
摩棱斯克州的一个村庄。20 世纪 50 年代初，他开始
接受铸造工人的训练，周末则学习飞行。1955 年，

他进入全日制飞行驾校学习，1957 年 11 月成为苏联空军的一名飞行军官。因为对苏联的无人登月任务表现出兴趣，1959 年，他入选了苏联载人航天计划。1961 年 4 月 12 日，他顺利完成驾驶"东方 1 号"的任务，环绕地球轨道飞行了一圈，108 分钟后安全返回，成为世界首个踏入太空的人类。执行"东方 1 号"任务是加加林探访太空的唯一一次冒险。飞行任务结束后，他进入苏联政界，从事航天器设计和航天员的培训工作。1968 年 3 月 27 日，加加林驾驶的米格 -15UTI 喷气式战斗机在莫斯科附近坠毁，他在此次事故中不幸丧生。

　　美国再次追赶苏联的脚步。1961 年 5 月 5 日，艾伦·谢泼德（Alan Shepard）成为第一个踏入太空的美国人，他的"自由 7号"飞船推动他进行了 15 分钟的飞行，到达 187 千米的高度，完成了"水星 - 红石"（Mercury-Redstone）任务。

　　谢泼德的此次飞行是"亚轨道"[2]飞行——短暂地进入太空，

---

2. 指距地面 20 ～ 100 千米的空域。

然后便回到地面。接下来，NASA 的工程师们用更强大的"宇宙神"（Atlas）运载火箭取代了"红石"运载火箭。1962 年 2 月 20 日，约翰·格伦（John Glenn）成为美国首位环绕地球飞行的航天员，他的飞船进行了三次完整的绕地飞行，在飞行 4 小时 55 分钟后溅落大西洋。

当我站在月球上，第一次回望我的地球时，我哭了。

——艾伦·谢泼德

第一位踏入太空的女性是苏联航天员瓦伦蒂娜·捷列什科娃（Valentina Tereshkova），她在 1963 年 6 月乘坐"东方 6 号"飞船绕地球飞行了 48 圈。尽管美国女性在美国太空计划中扮演着关键角色，但是直到很久以后，当莎莉·赖德（Sally Ride）于 1983 年 6 月乘坐"挑战者号"航天飞机探访宇宙时，太空中才首次出现了美国女性的身影。凯瑟琳·约翰逊（Katherine Johnson）于 1953 年加入 NASA。作为众多女性数学家中的一员，她计算了轨道，包括谢泼德和格伦的早期飞行轨迹，以及"阿波罗"（Apollo）登月计划的轨迹。而软件工程师玛格丽特·汉密尔顿

（Margaret Hamilton）领导麻省理工学院的编程团队，开发了"阿波罗"计划中所有的飞行软件。

凯瑟琳·约翰逊

凯瑟琳·约翰逊于 1918 年 8 月 26 日出生在西弗吉尼亚州的白硫黄泉镇。她在数学方面表现出惊人的天赋，作为优秀毕业生，于 1937 年毕业于西弗吉尼亚州立大学，那时她年仅 18 岁。后来，她成为第三位获得数学博士学位的非裔美国人。与第一任丈夫组建家庭后，她于 1953 年加入了国家航空咨询委员会（National Advisory Committee for Aeronautics，即后来的 NASA）。她在其中的角色是一台"人类计算机"——人工推导复杂的运算，而如今这些运算都可以依靠电子化完成。她功勋卓著，曾为艾伦·谢泼德计算飞行轨迹，助其成为首位进入太空的美国人。作为一名有色人种女性，在当时由白人男性主导的领域，她的整个职业生涯需要克服相当大的困难。2015 年，她被授予总统自由勋章。

我们要去往月球

1962 年 9 月，在约翰·F. 肯尼迪总统（John F. Kennedy）宣布要将人类送上月球后，NASA 开启了"双子星座"计划（Gemini project），目的是大力发展人类驾驶宇宙飞船前往月球——地球唯一的天然卫星——所需要的复杂技术。

太空探索将步履不停，无论我们是否参与其中，它都是人类有史以来最伟大的冒险之一。

——约翰·肯尼迪

苏联科学家在登月方面也有先发优势。在 1959 年，苏联的"月球 2 号"（Luna 2）无人探测器就在月球表面登陆了，这是首个从地球出发降落到另一个天体的人造物体。而美国第一个登陆月球的无人探测器是"徘徊者 4 号"（Ranger 4），它于 1962 年 4 月在月球背面坠毁。

美国将人类送上月球的蓝图被称为"阿波罗"计划，其中，冯·布劳恩的团队负责开发一种推力足够强劲的重型火箭，将载人月球着陆器送上一趟距离地球 38 万千米的旅程，"土星 5 号"（Saturn V）由此诞生。这枚火箭在加满燃料后，重达近 3000 吨，高 111 米，比自由女神像还高 18 米。

图 1-3 "土星 5 号"和自由女神像

在美国顽强推进"阿波罗"计划的同时，苏联工程师们也在研发能够与"土星 5 号"相抗衡的火箭：代号为"N1"的重型运载火箭。然而，这项计划被许多问题所阻挠。"N1"火箭的四次发射均以失败告终，第二次爆炸形成的火球破坏力极强，摧毁了发射台和周围的发射设施。为了追赶美国在探月方面的脚步，工程师们放弃了对"N1"火箭的基础测试，而这本可能更早地暴露出"N1"火箭的一些技术问题。

> 休斯敦，这里是宁静海基地，"鹰号"已经着陆。
>
> ——尼尔·阿姆斯特朗（Neil Armstrong）

太空竞赛的结果众所周知，美国首先在神秘的月球表面插上了星条旗。在进行了多次载人和非载人飞行测试后，NASA决定在1969年夏天首次尝试载人登月。7月20日，"阿波罗11号"飞船的"鹰号"登月舱载着航天员尼尔·阿姆斯特朗和巴兹·奥尔德林（Buzz Aldrin）安全降落在月球表面的一个巨大盆地——"宁静海"，自此，阿姆斯特朗成为首个在月球表面留下脚印的人。

随后，美国又执行了六次"阿波罗"计划任务，航天员们不但探索了月球，还进行了地质调查和科学实验。1972年12月，"阿波罗17号"进行了最后一次飞行。至此，共有12名航天员在月球表面留下了他们的足迹，此后美国和其他任何国家的航天员都未再到访过。

航天员天生就是高贵的疯子。

——安迪·威尔（Andy Weir）

《火星救援》（*The Martian*）

勇往直前

随着美苏太空竞赛的结束，载人航天的发展速度也逐渐放缓。"阿波罗"计划总耗资约 1530 亿美元（以 2018 年的美元计算），现在美国已经证明了自己在太空的优势，公众和政界在此领域的投资兴趣基本上也就偃旗息鼓了。

也正因如此，许多人叹惋自 20 世纪 60 年代以来航天事业停滞不前，缺乏进步。

其实，那些人类未能昂首前往之地，深空探测器已经代其旅行了。运载火箭、飞船和探测器的发展突飞猛进，为探索未知的外太空提供了一种更强大、成本效益更高的方式。无人探测器至今已经探访了太阳系的每一颗行星，它们在许多地方着陆，并传回了令人惊叹的图片和科学数据。同时，太空望远镜也能穿越地球大气的蒙蒙薄雾，并向更远的地方眺望，它们将广袤宇宙里的更多角落所蕴藏的壮丽美景传送回地球，同时也解开了宇宙的某些未解之谜。

十项最伟大的太空任务		
任务名称	发射日期	任务描述
斯普特尼克 1 号	1957 年 10 月 4 日	第一颗人造卫星，从苏联拜科努尔航天发射基地发射升空
东方 1 号	1961 年 4 月 12 日	首次载人太空飞行任务——苏联的尤里·加加林进入太空
阿波罗 11 号	1969 年 7 月 16 日	首次载人登月任务——由尼尔·阿姆斯特朗和副驾驶巴兹·奥尔德林完成
旅行者号 (Voyager)	1977 年 8 月	两个探测器首次传回了木星、土星、海王星和天王星的近距离观测照片
宇宙背景探测器 (COBE)	1989 年 11 月 18 日	宇宙背景探测器传回了第一张宇宙大爆炸产生的微波背景辐射图像，引发了一场宇宙学的革命

（续表）

任务名称	发射日期	任务描述
哈勃太空望远镜	1990 年 4 月 24 日	功能强大的太空望远镜，摆脱了地球大气层的遮蔽
卡西尼 - 惠更斯号（Cassini-Huygens）	1997 年 10 月 15 日	彻底改变了人们对土星及其卫星的认知
国际空间站（International Space Station）	1998 年 11 月 20 日	一个在地球轨道上的永久载人国际平台
新地平线号（New Horizons）	2006 年 1 月 19 日	传回了矮行星冥王星的第一张特写照片
好奇号（Curiosity）	2011 年 11 月 26 日	NASA 探索火星表面最成功的漫游车任务

　　1973 年，"阿波罗"飞船剩余的硬件被用于建设"天空实验室"（Skylab）空间站，并运送航天员往返于轨道平台和地球之间。两年后，一个"阿波罗"登月舱和一艘苏联"联盟号"飞船在轨道上进行了历史性的对接，这标志着美苏两个昔日敌手的对峙进入了全新的缓和时期。

　　苏联也发射了一系列空间站，首先是 20 世纪 70 年代的"礼炮号"（Salyut）空间站，然后是 1986 年的"和平号"（Mir）空间站，后者取得了几项至今仍未被打破的太空飞行时间的纪录。空间站被视作一个试验台，人类通过它来研究太空旅行对人体的长期影响，并借这个跳板探索更广阔的太阳系。

因此，人们将 1981 年开启的美国"航天飞机"计划视作一种运输方案，用于在地球和地球轨道之间往返运送货物和航天员。该计划的主要目标之一是通过各国的共同努力推动一个新的空间站落成。迄今为止，所有的航天器都不可重复使用，但航天飞机可以多次使用，而且它不会溅落在海中，而是像飞机一样降落在跑道上。

1998 年，国际空间站的第一批部件被送入轨道。建成空间站需要航天飞机以及俄罗斯"联盟号"和"质子号"（Proton）运载火箭进行四十多次装配飞行。建成的空间站最长轴线长 109 米（几乎相当于一个足球场的长度），重 420 吨，能为航天员提供 915 立方米的内部生活空间。

国际空间站建成后，航天飞机于 2011 年退役。这意味着近十年来，美国的载人航天实力较为薄弱，而不得不搭乘俄罗斯"联盟号"这趟便车。但这种处境很快就会好转。NASA 正在研发一

种名为 "太空发射系统"（Space Launch System）的新型重载火箭。这项任务名为 "阿尔忒弥斯 1 号"（Artemis 1），该火箭将绕月飞行，其间将对飞行系统和概念进行测试，为 2024 年重返月球表面做准备。

　　太空探索本身就是一种自然的召唤，是其他社会力量无法比拟的。

　　　　　　　　　　　——尼尔·德格拉塞·泰森（Neil de Grasse Tyson）

　　商业利益也在这场游戏中起到了推波助澜的作用。美国的太空探索技术公司（SpaceX）自 2012 年以来一直与国际空间站签订合同，运用人工智能航天器为空间站运输补给。现在，太空探索技术公司和蓝色起源（Blue Origin）等正在研究载人飞行器的概念，并为最高投标人提供一席之地。他们计划将人类送往月球、火星以及更遥远的宇宙空间中去。

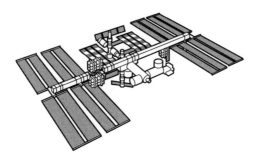

图 1-4　国际空间站

　　太空旅行不仅满足了我们源源不断的探索欲，而且有助于科学进步，最终还可能对人类的生存产生至关重要的作用。当今世界，人类对外太空的探索正迈向一个激动人心的新时代，而我们，正要迈过这新时代的门槛，向更浩瀚的宇宙飞驰而去。

第2章

飞离地球

地球是人类的摇篮，但人不可能永远被束缚在襁褓之中。

——康斯坦丁·齐奥尔科夫斯基

无论从何种意义上讲，外太空似乎都是一个遥不可及的地方——这个神秘的领域与我们在地球上所体验的平凡生活相去甚远，因而令人类困惑不已。然而实际上，这两者却出奇地相近。外太空与地球大气层的界线被称为卡门线（Kármán line），以出生于匈牙利的科学家西奥多·冯·卡门（Theodore von Kármán）的名字命名，他是首个提出卡门线的人。一般认为卡门线的高度只有 100 千米，相当于从丹佛到科罗拉多斯普林斯的直线距离，大约一个小时的车程。

但是很显然，人类在短期内是无法驾车进入太空的，即使乘坐现代飞机，进入太空也绝非易事，难题就在于一种被称为万有引力的自然力量，它使宇宙中所有有质量的物体相互吸引。这给我们生活的方方面面带来了便利——它使我们都"粘"在地球表面上，可以维持日常生活，而不至于飘浮到空中。与此同时，万有引力也使得太空之旅比公路之旅要难以实现得多，因为在万有引力的作用下举起重物是一项极其艰难的工作。要将一辆 1 吨重的汽车或一艘 30 吨重的宇宙飞船运到 100 千米的高空，需要巨大的能量。

即使是喷气式飞机——人类目前拥有的最先进的飞行器之一——也不能胜任进入太空的任务。其最大巡航高度约为 10 千米，并能够利用升力克服重力。升力是空气流过飞机特殊形状的机翼时产生的向上的力量。如果飞行高度继续增加，空气就会变得非常稀薄，此时产生的升力就不再足以支撑飞机了。

但还有一个问题。燃烧燃料涉及一种叫作燃烧的化学反应，它是将燃烧剂和氧化剂结合起来从而释放能量。如果你在燃烧的蜡烛上罩上一个玻璃杯，没过多久蜡烛就会熄灭，因为所有可用的氧气都已被耗尽。飞机上的喷气式发动机也是同理。当飞机越飞越高而空气渐渐稀薄时，周围可供燃烧的氧气也越来越少。不管携带多少燃料，只要没有氧气，一切就是徒劳。

解决办法很简单，就是随身自带氧化剂——火箭即是如此。

火箭"rocket"这个词来自意大利语 rocchetta，意思是梭子。火箭所产生的巨大推力不仅可以推动航天器穿过地球大气层，还能助其飞越太阳系，甚至去往更浩瀚的宇宙空间，探索更多瑰丽的星系与璀璨的星球。

火箭使太空飞行成为可能，这是一次巨大的飞跃，它比 20 世纪任何其他科技成果都更立足于科学幻想。

——艾萨克·阿西莫夫（Isaac Asimov）

火焰箭

火箭发明于中国，时间大约在 11 世纪。它原本只是一种焰火，中国炼金术士意外发现，火药可以提供动力，它是由木炭、硫黄和硝石（又名硝酸钾）混合而成。其中，硝石是一种强大的氧化剂，加热后会释放氧气，使木炭和硫黄急速燃烧。中国早期的火箭被称为"火焰箭"，宋朝军队曾将其作为杀敌利器，给敌军造成了毁灭性的打击，后来蒙古人在 13 世纪的征战中也曾使用过这种火焰箭。

图 2-1　火焰箭

18 世纪末，印度的迈索尔军队采用了这一技术。当面对英国东印度公司对迈索尔的侵略式开发时，他们拿起了带有锋利刀刃的火焰箭来抵御英军，保卫故土。

其中一些武器不可避免地被英国人缴获。这启发了英国发明家兼政治家威廉·康格里夫（William Congreve），他在伍尔维奇皇家兵工厂开展了一项军事火箭研究计划。他参照印度的技术实施了逆向工程，制造出了一系列火箭，它们由许多用长棍固定的铁质圆柱体组成——很像现代的爆竹（尽管要大得多）。事实上，康格里夫制造的最大的火箭重达数百千克，长约 9 米，射程超过 3 千米。每枚火箭都携带一个爆破弹头或燃烧弹头，尽管这些弹头经常在飞行中爆炸。

图 2-2 康格里夫火箭

康格里夫在 1805 年 9 月成功演示了他的第一枚火箭的发射过程。然而，这枚火箭的定位导航技术还相当不成熟。19 世纪后期，英国工程师威廉·海尔（William Hale）设法弥补了这一缺陷。他去掉了火箭的操纵杆，调整了发动机排气喷嘴的方向，使其具有一定的倾斜角度，这样一来，火箭在飞行时就会旋转，就像步枪子弹旋转一样，可以避免防止偏离轨道。

直到 20 世纪初，俄国天才康斯坦丁·齐奥尔科夫斯基才发现这类致命性的战争武器在太空飞行领域的潜力。

康斯坦丁·齐奥尔科夫斯基

康斯坦丁·爱德华多维奇·齐奥尔科夫斯基于 1857 年 9 月 17 日生于俄罗斯帝国西部的梁赞州。由于猩红热导致的听力障碍，他主要在家里接受教育。因祸得福，这使他有余力探究他最感兴趣的课题，十几岁时，他便开始思考太空旅行的可行性。

后来，他以教书为生，利用业余时间进行自己的科学研究，撰写了许多科学论文。从 19 世纪 90 年代开始，他发展了火箭飞行理论，运用既定的物理定律来确定火箭在飞行中的表现与行为。他在 1903 年发表的著作《用火箭推进器探索宇宙》中阐述了自己的研究成果，为后来将火箭之旅由幻想变为现实的工程师们提供了灵感。齐奥尔科夫斯基基本上是个隐士，他成年后的大部分时间都隐居在莫斯科西南 150 千米的卡卢加市附近的一座木屋里。1935 年 9 月 19 日，他接受胃癌手术后在卡卢加去世。

作用力与反作用力

齐奥尔科夫斯基把火箭学变成了一门科学，并用严格的数学思维来指导，从而准确地预测和研究火箭的运动方式。因为齐奥尔科夫斯基的研究，火箭从一种粗制滥造的武器变成了一种伟大的交通工具，最终将人类送上了灿烂的太空。

也许齐奥尔科夫斯基最大的贡献是 1903 年发表的齐奥尔科夫斯基火箭方程。该公式表明，火箭所能获得的速度增量与其初始质量（燃料满载）、空载质量（燃料耗尽）和发动机的排气速度有关。火箭燃烧的全部燃料所产生的速度总增量称为 $\triangle v$——v 代表速度，$\triangle$ 是"增量"的数学符号。

齐奥尔科夫斯基基于伟大的英国物理学家艾萨克·牛顿爵士（Sir Isaac Newton）的研究，得出了他的方程。牛顿提出了三大简洁的定律来描述运动物体的行为。第一定律的内容是，除非受到外力的作用，否则物体将保持静止或匀速运动状态。第二定律提出，如果物体的质量为 m，并受到一个外力 F 的作用，那么它将以加速度 a 运动，得出 $F=ma$。但齐奥尔科夫斯基最感兴趣的是牛顿第三定律，每一个作用力都有一个大小相等、方向相反

的反作用力。比如当你坐在椅子上，椅子会产生一个向上的反作
用力，以防止你摔到地板上。

同理，当你开枪时，枪会反冲你的肩膀——因为一种力推
动子弹向前的同时，另一种与其大小相同方向相反的力则将枪身
向后推向你。牛顿第二定律阐释了为什么在同样的力的作用下，
小子弹以极快的速度射出，而重得多的枪却以相对缓慢的速度向
后退去。同样，火箭排出的废气质量很低，但却从发动机中高速
排出，使得质量相对较大的火箭逐渐向反方向加速。

我只是有自己的态度。我是来完成任务的，我知道我有能
力做到，这就是我的重点所在。

——安妮·伊斯利（Annie Easley）

NASA 科学家

多级火箭

齐奥尔科夫斯基火箭方程表明，火箭的最大速度随其排气
速度的增加而增加。例如，如果一枚火箭的燃料载荷占发射台质

量的 90%，那么它的 △ v 值相当于排气速度的 2.3 倍。这意味着，如果废气以 2500 米 / 秒的速度排出（9000 千米 / 时——当今的一些火箭已经达到了这一速度），那么火箭的最终速度为 5750 米 / 秒——相当于 20700 千米 / 时。

这个速度也许让你眼前一亮，似乎还有可能载你飞过卡门线。然而事实上，这速度都不足以到达环绕地球的轨道，更别说载你去到更远的地方了。根据艾萨克·牛顿的万有引力定律，绕地球运行需要飞到距离地球表面至少几百千米的高度，即使考虑到重力会将你拉回地球表面，你仍然要以 5750 米 / 秒（28080 千米 / 时）的速度飞行。

为了克服这一问题，齐奥尔科夫斯基提出了以下疑问，如果火箭的有效载荷的 10% 不是燃料而是另一枚火箭，尽管这枚火箭体积较小，那会如何呢？当第一枚火箭燃烧殆尽后，它就会被投弃，而此时已经以 5750 米 / 秒（20700 千米 / 时）的速度运行的较小火箭会随之点燃自己的发动机。当小火箭的燃料也悉数耗尽，有效载荷的速度将额外增加 5750 米 / 秒，最终速度达到 11500 米 / 秒（41400 千米 / 时），如果增加更多级火箭则会进一步提高最终速度。这个设想被称为多级火箭。齐奥尔科夫斯基证明了在同样的发射质量下，多级火箭的总有效载荷总是高于单级火箭。

如果大火箭上面装有一个小火箭，当大火箭被投弃继而小火箭被点燃时，则有效载荷的速度增加。

——赫尔曼·奥伯特（Hermann Oberth）

美国火箭科学家

而这一设想的缺点是可以携带有用的有效载荷量减少了。一枚火箭由 n 级组成，每级火箭单独的有效载荷是其总质量的 0.1 倍，那么 n 级火箭其有效载荷相当于火箭总质量的 $0.1n$。对于两级火箭来说就是 0.01，三级火箭就是 0.001，以此类推。这意味着，一枚三级火箭在发射台上的总燃料质量为 50000 千克，相当于 50 吨，但实际有效载荷仅为 50 千克。

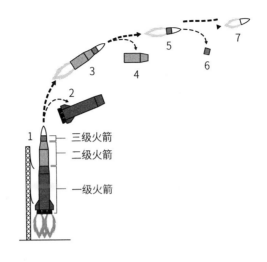

图 2-3　多级火箭

　　这就解释了为什么向太空发射大量有效载荷需要真正的巨型多级火箭。多级火箭是 20 世纪 60 年代 NASA 在"阿波罗"登月计划中采用的战略，"土星 5 号"火箭分为三级，至今仍是有史以来体积最大的火箭。它的确是一个庞然大物，高超过 110 米，质量达 3000 吨，其中 2870 吨是燃料和氧化剂。"土星 5 号"的各级火箭从下到上依次连接，一级接一级（称为串联级），但近期一些新型火箭的各级是同时点火的（称为并联级），航天飞机上的两个大型侧助推器就是一个著名的例子。

火箭科学的学问

现代火箭发动机有几种主要类型。最基本的类型就像初期中国的火箭，是由固体燃料驱动的，类似于火药。固体火箭发动机在航天飞机两侧绑有助推器，且用氧化剂高氯酸铵燃烧铝粉作为动力。然而，固体火箭发动机具有潜在的危险，它们就像罗马蜡烛一样，一旦点燃，就不能关闭发动机，甚至不能减速。而另一种类型则是液体火箭发动机，早期由罗伯特·戈达德研发，更具可控性。但可控性却以增加制造的复杂性（从而增加了发生故障的可能性）为代价，其构造包括了泵、燃料管道，以及确保燃料在燃烧前充分混合的喷油器。

是什么让一个人甘愿坐在巨大的罗马蜡烛上……并等人点燃灯芯？

——汤姆·沃尔夫（Tom Wolfe）

《太空英雄》（*The Right Stuff*）

液体火箭发动机通常将燃料和氧化剂分开储存，它们被称为"双元推进剂"发动机。例如,"阿波罗"航天员登上月球的"土星5号",它的第一级火箭有两个燃料箱,一个装煤油,另一个装满纯液氧用来燃烧。这两种燃料分别被输入发动机,并在燃烧前混合。液氧是一种常用于火箭发动机的氧化剂。顺便说一下,为了使氧气以液态形式存在,必须将其冷却到低于 −183℃的温度,这就是为什么有时可以在发射台上看到液体燃料火箭的外部结冰,然而在升空过程中,冰会惊人地碎裂成块,随后大量脱落。

除此之外,也有"单元推进剂"液体发动机,这类发动机只需要一个燃料箱。不过,这类发动机往往仅限于小型火箭和宇宙飞船离开地球后用来确定方向的推进器。"单元推进剂"发动机的其中一种单体燃料是化学肼,经过催化材料时会分解成高温的氢、氮和氨气体,从而产生推力。

存在于液体火箭和固体火箭两者之间的是一种使用混合式火箭发动机的火箭。这种火箭使用固体燃料和液体氧化剂,不如液体火箭发动机复杂,但比固体火箭发动机更容易控制。"太空船1号"(Space Ship One)便是由这种混合式火箭发动机提供动力,该发动机以固体橡胶为燃料,使用一氧化二氮作为氧化剂。它是由莫哈航空航天公司(Mojave Aerospace Ventures)运营,该公司在 2004 年实现了私人投资的第一次载人航天发射。

在所有类型的发动机中，燃烧产生的高温高压气体必须转化为高速喷射的废气排出。这一步是通过火箭喷管实现的，它位于燃烧室正下方，呈锥形孔状。其中一个最有效的设计被称为拉瓦尔喷管（de Laval nozzle），以其共同发明人古斯塔夫·德·拉瓦尔（Gustaf de Laval）的名字命名，他于 1888 年提出将拉瓦尔喷管用于蒸汽涡轮机。拉瓦尔喷管是一根中间部分收缩成沙漏形状的管子，在热气进入喷管的进口一侧急剧收缩，然后管子呈扇形散开，形成一个更平缓的弧形钟形，以便排出的废气推动火箭升空。拉瓦尔喷管可以将常见火箭发动机内部产生的高压气流转化成超音速发动机尾喷流，其速度为数千米每秒。

迄今为止性能最强大的火箭发动机之一是液体火箭发动机"猛禽"（Raptor），该发动机由太空探索技术公司为其即将推出的超重型运载火箭"星舰"（Starship）研发而成。在 2019 年 2 月的一次试射中，"猛禽"创下了燃烧室压强的最高纪录——274 千克力 / 平方厘米，相当于一辆大型汽车的重量集中到一个边长只有几厘米的正方形上。

当液体火箭发动机"猛禽"的研发完成后，最终的燃烧室压强预计将达到 309 千克力 / 平方厘米，发动机的拉瓦尔喷管将把这一压强转化成速度为 3400 米 / 秒 (12240 千米 / 时) 的尾喷流，这一惊人的速度是空气中音速 的十倍之多。

重型火箭					
火箭名称	高 (米)	进入轨道的有效载荷 (吨)	发射国家	研发组织	首次发射时间
土星 5 号	110.6	140	美国	NASA	1967 年
N1 火箭	105	95	苏联	俄罗斯 "能源号" 火箭公司 (Energia)	1969—1972 年间四次发射失败
"德尔塔" IV 型	72	28.8	美国	联合发射联盟公司 (United Launch Alliance)	2004 年
安加拉 5 号 (Angara-5)	64	25	俄罗斯	克鲁尼契夫公司 (Khrunichev)	2014 年

（续表）

火箭名称	高（米）	进入轨道的有效载荷（吨）	发射国家	研发组织	首次发射时间
长征 5 号	56.9	25	中国	中国运载火箭技术研究院（CALT）	2016 年
重型"猎鹰"（Falcon Heavy）	70	63.8	美国	太空探索技术公司	2018 年
太空发射系统 Block 1	98.1	95	美国	NASA	计划发射于 2022 年
星舰	118	150	美国	太空探索技术公司	计划发射于 2022 年
太空发射系统 Block 2	111.3	130	美国	NASA	计划发射于 2025—2030 年
叶尼赛（Yenisei）	80	70	俄罗斯	JSC SRC Progress	计划发射于 2028 年
长征 9 号	93	140	中国	中国运载火箭技术研究院	计划发射于 2030 年

冲量

排气速度是衡量火箭发动机效率的标准之一，即燃料中储存的总化学能中最终转化为火箭运动的部分。拉瓦尔喷管大幅提高了火箭的排气速度——使之成为超音速（比音速还快），从而将发动机效率从仅有的百分之几提高到超过 60%。考虑到火箭看起来是多么的嘈杂和低效，这个数字高得令人吃惊。

你还可能会遇到另一个衡量火箭效率的标准，那就是"比冲量"（specific impulse），在此不过多赘述，简单地解释一下就是发动机在单位时间内单位质量的燃料燃烧时提供的"推力"总量。推力是由火箭喷出的向上的力，它与因火箭自身质量而产生的向下的重力相抗衡。如果火箭要起飞，那么推力的大小必须超过其重量的大小。

当你准备将自己发射上太空时，你正处在一场大爆炸的前夕。

——莎莉·赖德

美国航天员和物理学家

火箭很可能会配有一个十分低效（即低比冲量和低排气速度）的发动机，但它仍能提供足够的推力助火箭起飞（即使它的低效率意味着它走不远）。反过来说，有些十分高效的发动机虽然充分地利用了燃料，但却没有足够的推力来克服地心引力，从而使火箭真正起飞。

其中一类这样的火箭发动机被称为离子发动机。它们不是利用燃烧释放的化学能来制造高速排气流，而是依靠电场将带电的燃料颗粒加到极快的速度——50000 米 / 秒，这比传统火箭高出十倍以上。然而，离子发动机喷射出这些颗粒的速度很慢，因此产生的推力非常微弱，在地球的重力作用下，它们仅能举起几克的重量，这与它们自身的重量相差甚远。

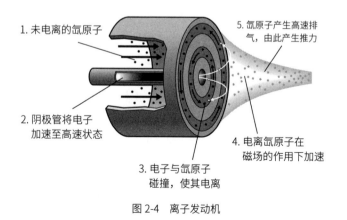

1. 未电离的氙原子

5. 氙原子产生高速排气，由此产生推力

2. 阴极管将电子加速至高速状态

4. 电离氙原子在磁场的作用下加速

3. 电子与氙原子碰撞，使其电离

图 2-4 离子发动机

读到这里，你可能很好奇，离子发动机到底有什么用呢？事实证明，离子发动机的高效率在远离行星体强大引力的外太空派上了用场。离子动力航天器在传统火箭的助推下进入太空，缓慢而有计划地消耗着燃料，就这样度过了数周、数月，甚至数年的时间，从相对较小的燃料质量中逐渐积累起巨大的 $\triangle v$，使其能够在广袤空旷的外太空中远行。

1998 年，NASA 的"深空 1 号"（Deep Space 1）技术测试任务从地球上发射了一枚"德尔塔"Ⅱ型火箭，这是一枚液体燃料火箭，带有三个固体火箭助推器。火箭进入太空后，启动了一个离子发动机，开启了它的太阳系之旅。它飞越了一颗彗星和一颗小行星，并传回了这两颗星球的图片和科学数据。在为期三年的任务中，这枚火箭的离子发动机以 4000 米 / 秒的速度改变了自身的飞行速度，只用了不到 74 千克的氙气燃料。

> 我的天啊，那东西起飞了！
>
> ——埃隆·马斯克（Elon Musk）

科学家们目前正在开发新的发动机技术，使火箭能够达到更高的排气速度，即几十万每秒或几百万米每秒。这些火箭基本上将齐奥尔科夫斯基一百多年前的原始设想进行了细化加工，并变为了现实，它们可以为航天器提供动力，使人类有朝一日能够探访太阳系的最远端，甚至到更遥远的地方。

第 3 章

利用引力

不要从二楼的窗户跳下去，这是万有引力定律的忠告。

——亚瑟·贝尔福（Arthur Balfour）

引力塑造了壮丽的宇宙景观。例如，地球的引力场决定了月球围绕地球旋转的方式。在过去的 46 亿年间，引力控制着太阳系的行星绕着太阳运转。太阳本身是由巨大的氢气云在引力的作用下坍缩形成，而现在，就像太阳系的各个行星绕着太阳公转一样，太阳自己也绕着银河系的中心旋转，每 2.3 亿年一圈，甚至连银河系也只是星系团[1]和宇宙细丝组成的更广阔的宇宙网络的一部分。这些星系团和宇宙细丝穿行于宇宙之中，受引力的影响而各居其位，并且有规律地运行。小到从树上坠落的不起眼的苹果，大到整个宇宙的诞生与死亡，这个世界的建筑师一直是引力——而且只有引力。

---

1. 十几个、几十个乃至上千个星系组成的集团。

因此，正如太阳引力决定行星的运行轨道一样，它同样指引着太阳系中的宇宙飞船从一颗星球飞向另一颗星球的飞行路径，这不足为奇。我们已经看到，克服地球引力是进入太空的一大主要阻碍，要做到这一点，火箭必须消耗大量燃料。然而，一旦进入太空，引力就能成为太空探险家的朋友——只要探险家们知道自己在做什么。

万有引力

首个科学引力论的诞生归功于英国数学家和物理学家艾萨克·牛顿爵士，他于1687年发表了这一理论。他的万有引力定律给出了作用在两个物体之间的引力大小，以及引力大小与物体质量和间隔距离的关系，为行星的运动规律提供了准确的描述。实际上，牛顿运用万有引力定律推导出了17世纪早期由德国天文学家约翰尼斯·开普勒提出的行星运动的三大定律。开普勒通过仔细钻研天文现象观测时间表、记录行星位置随时间的变化以及寻求能够解释这些数据的潜在关系，从而得出了他的定律。在这个过程中，牛顿的万有引力定律为开普勒的经验模型提供了坚实的科学基础。

太阳系的运行规律

　　德国天文学家约翰尼斯·开普勒在对丹麦观测天文学家第谷·布拉赫（Tycho Brahe）收集的数据进行研究后，推导出了行星三大运动定律[2]，这套定律实际上支配着太阳系中的一切，包括彗星、流星体以及巡航的宇宙飞船。

　　我们不会深入探讨数学细节，但在这里，我必须准确复述天文学家们得出的结论。第一条定律指出，行星在椭圆轨道上运动，太阳位于椭圆的其中一个"焦点"（相当于圆心）。第二条定律指出，当行星运动时，在相等时间内，太阳和运动中的行星的连线（向量半径）所扫过的面积都是相等的。而第三条定律指出，行星公转周期的平方与其椭圆轨道半长轴的立方成正比。所以如果椭圆轨道的半长轴变为原先的四倍，那么行星的公转周期会增加八倍。

---

2. 分别是轨道定律、面积定律和周期定律。

虽然引力是迄今为止自然界中最弱的力量，它蕴藏于宇宙中，默默潜伏，但它长久积蓄的力量不仅决定了单个天体的最终命运，而且决定了整个宇宙的最终归宿。

——保罗·戴维斯（Paul Davies）

开普勒定律表明，行星的运行轨道不一定都是圆形，但一般来说，都遵循椭圆形路径。事实上，太阳系中的大多数行星都是沿着大致圆形的轨道环绕太阳运行的，唯一明显的例外是距离太阳最近的水星。在水星轨道上，当运行到最接近太阳的点（称为近日点）时，水星和太阳的距离为 4600 万千米；当运行到距离太阳 7000 万千米的远处时，就到达了远日点。

同样的定律也适用于在太阳系中靠惯性航行的宇宙飞船，也就是说，飞船不启动发动机，而是纯粹在引力的引导下运动。例如，此时此刻，NASA 的帕克太阳探测器（Parker Solar Probe）和中国的"嫦娥 2 号"（Chang'e 2 mission）都在太阳轨道上运转着，它们实际上是太阳的人造卫星，就像太阳系中的行星一样。"旅行者号"，即 20 世纪 70 年代发射到太阳系外行星的探测器，现在仍未飞出太阳系，它速度极快，即使是太阳的引力都无法将它们带回家。

　　但是，我们现在讨论这个问题似乎有些操之过急。在上一章中，我们看到了火箭推动宇宙飞船从地球表面上升到 100 千米高的卡门线的全过程，卡门线标志着地球大气层和外太空的边界。既然牛顿和开普勒已经告诉我们关于引力和轨道的知识，那么从地球这片浩瀚星海的蓝色海岸起航、穿越星际空间并遨游于太空之中的宇宙飞船，是如何绘制出它的航图的呢？

摆脱引力

　　地心引力范围内最简单的太空旅行就是所谓的"亚轨道"飞行：火箭在地球表面轰然发射，在空中划出巨大的弧线，飞越卡门线并在其上方短暂停留一会儿，然后便被地球重力拉回地面。1961 年 5 月 5 日，艾伦·谢泼德成为第一个进入太空的美国人，而这正是他 15 分钟的飞行中所遵循的路径。谢泼德的飞船搭乘"水星－红石"火箭从佛罗里达州卡纳维拉尔角发射升空，最高高度仅达到 188 千米，最终溅落于距发射地点约 487 千米的大西洋。

太空旅游公司维珍银河（Virgin Galactic）[3]不久就会开始带领乘客进行短期的亚轨道太空旅行，装有火箭发动机的航天飞机将载着乘客飞到卡门线以上，然后再像普通飞机一样降落回跑道上。另外，亚轨道的飞行路径仍被用于一些科研飞行任务，例如，由固体燃料驱动的小型"探空火箭"将有效载荷的试验设备推上太空，在短时间内收集数据后再落回地面。

当我们到达月球时，我们并没有像其他人那样减速，因为我们需要月球的引力助我们重返地球。

——吉姆·洛弗尔（Jim Lovell）

"阿波罗13号"机长

飞越卡门线之后，飞船的下一个目的地就是地球轨道。而所有类型的地球轨道都有一个共同的便利之处，就是可以维持自行运动。换句话说，只要航天器的高度足够高，能够摆脱下方地球大气层任何可能致其减速的阻力，它就能在不需要启动发动机的情况下无限期地在轨道上运行。

---

3. 全世界第一家私人商业太空旅游公司。

你可以想象一下：一门大炮停在巍峨的山顶上，从山顶的位置水平发射炮弹，每一发都比前一发更具冲击力。第一颗炮弹从大炮里弹射出来，落在山脚下，而后随着威力的增加，炮弹落得越来越远，直到最后，重力再也无法将其拉回地面，于是炮弹就环绕地球转了一圈。在此过程中，这枚炮弹仍然在重力作用下不断下落，而与此同时，由于地球曲率[4]的关系，地球表面也在快速弯曲，炮弹的水平移动速度非常快，以至于其垂直下落速度和地球表面弯曲速度一致，因此炮弹永远不会掉落下来。

近地轨道的范围是从地球表面上方约 200 千米开始，一直延伸至 2000 千米处。要在最低的近地轨道中维持运行，至少需要大约 7800 米 / 秒的速度，因此，在最低近地轨道上的航天器通常每 90 分钟环绕地球一圈。例如，长期载人的国际空间站就是在近地轨道上绕地球运行，高度刚刚超过 400 千米。近地轨道通常是太空任务的出发点，这些太空任务的目的地是更遥远的地方。近地轨道是它们飞离地球后的第一个停靠港，因此有时也被称为"停泊轨道"。

---

4. 地球弯曲程度的量。

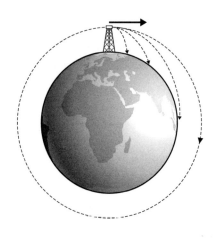

图 3-1　永远不会落下的炮弹

开普勒定律的一项结论指出，航天器环绕行星的轨道越高，航天器的运行速度越慢。对于高度为 1000 千米的近地轨道，当运行速度下降到 7400 米 / 秒，环绕轨道一圈所需的时间就从 90 分钟延长到了 105 分钟。如果继续这样增加高度，当轨道高度最终达到 35786 千米时，航天器环绕轨道一圈的时间将等于 24 小时，也就是地球的自转周期。

如果这条轨道恰好位于地球赤道正上方，那么在地面上的人看来，宇宙飞船仿佛就静静地悬挂在天空中，因为它与地球的自转步调相一致。这就是所谓的"地球静止轨道"。

通信卫星和电视卫星就被放置在地球静止轨道上，这样一来，地面上的接收天线就不必移动和跟踪卫星以接收信号。由于这类卫星必须在赤道上方运行，因此至少在北半球，房屋上的电视卫星天线总是指向南方。

还有一些其他类型的地球轨道，有"极地轨道"，这类轨道平面与赤道面夹角为 90°，因此极地轨道上的卫星会穿过南北两极。还有"太阳同步轨道"，在这类轨道上，卫星始终位于太阳和行星之间，目的是在白天观察地球表面。

无论你想去往太阳系的哪个角落，只要进入近地轨道，你就已经成功了一半。

——罗伯特·海因莱因（Robert Heinlein）

从 A 点到 B 点

对于令人心潮澎湃的太空任务来说，进入近地轨道只是个开始。接下来，任务控制人员会找准时机，启动航天器的发动机，使其飞离近地轨道，驶入所谓的"转移轨道"，这是德国工程师瓦尔特·霍曼（Walter Hohmann）在 1925 年首次提出的设想。转移轨道呈椭圆形，将两个大致为圆形的轨道连接起来。抵达转移轨道之后，发动机开始第二次启动，使航天器脱离转移轨道，进入既定轨道。

转移轨道可能会充当两条高度不同的地球轨道之间的桥梁，也可能会连接地球环绕太阳的轨道与太阳系中另一颗行星的轨道。在这种情况下，周密的计划必不可少——简单地在轨道之间跳跃是一回事，但是，当从一颗行星的轨道转移到另一颗行星的轨道时，航天器的到达时间点必须和目标天体的经过时间点相一致。例如，如果火星本身正位于太阳的另一侧，那么航天器到达火星轨道也是徒劳。

这就产生了"发射窗口"的概念，即前往特定目的地的星际空间任务发射升空的严格时间范围。例如，NASA 的"好奇号"火星探测器任务的发射窗口为 2011 年 11 月 25 日至 2011 年 12 月 18 日。即便如此，地球的日常自转不断改变着火箭飞离地球的方向，同时也意味着发射窗口每天的开放时间不足两个小时。但令人欣喜的是，"好奇号"于 11 月 26 日成功发射升空，并于 2012 年 8 月 6 日在火星着陆，截至 2020 年 3 月底，"好奇号"

火星车仍在忙于探索这颗红色星球的表面。

行星间的轨道变换会带来更多的复杂问题，例如在点火发射时必须考虑到地心引力的影响，而在抵达终点时又必须考虑到目的地星球的引力。当"阿波罗"计划的航天员前往月球时，由于地月距离很近，两个天体的引力同时牵引着飞船，因此变轨到转移轨道非常困难。最终的解决方案是采用"8"字形路线，使"阿波罗"飞船绕过月球背面，然后再进入返回地球轨道。

一切都是那么的新鲜，进入太空的整个想法都是新奇而大胆的。当时没有教科书，所以我们得自己写。

——凯瑟琳·约翰逊

NASA 数学家

这是"三体"[5]引力问题的一个经典例子，众所周知，这类问题很难用数学来解决。但有一个特例发生在 1772 年，意大利数学家约瑟夫·路易斯 – 拉格朗日（Joseph Louis–Lagrange）通过推理解决了这个特例。他通过推理得出，一个由两大天体构成

---

5. 由三个质点及其相互引力作用组成的力学模型。

的引力系统中存在着五个点，当第三个天体加入，该天体可保持与其他两个星体的相对位置。这些所谓的"拉格朗日点"[6]被标记为 L_1 到 L_5，并呈"十"字形分布。例如，L_1 是一个平衡点，在这一点上，前两个天体在某种意义上保持平衡。因此在日－地系统中，位于 L_1 的物体将与地球同步围绕太阳旋转。

拉格朗日点对宇宙飞船来说，相当于一个十分实用的"停车区"。许多太阳探测器已停在日地系统中 L_1 的位置，而詹姆斯·韦伯太空望远镜——哈勃太空望远镜的后继者，将停在 L_2 的位置，也就是地球背对太阳的一侧，在那里它将能够在一片永恒的漆黑中观测星空。

即使你仍在前往目的地星球的旅途中，引力也可以成为你的旅伴，因为我们有时可以利用其他行星的引力场，在不启动发动机的前提下，提高巡航航天器的飞行速度。这样的操作被称为"引力辅助"，是飞行任务的规划人员在瞄准他们遥远的目的地星球时使用的一种小技巧，以此来节省燃料。

---

6. 圆型限制性三体问题中存在的五个平动点的总称。包括两个等边三角形点和三个共线点。

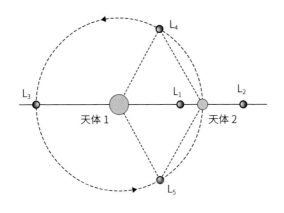

图 3-2 五个拉格朗日点

当宇宙飞船靠近一个静止的行星时，会受引力影响而加速，一旦慢慢驶离这颗行星，又会受到一个大小相同、方向相反的力，从而减速。但行星并非静止不动的——正如我们所看到的，它们在各自的轨道上围绕太阳不断运动，而当宇宙飞船经过这些运动中的行星时，行星会将它的一部分动力传递给宇宙飞船。这就有点像用乒乓球拍掂球——如果球拍静止不动，那么球反弹的速度就和它落到拍面时的速度差不多。但是，如果大力挥动球拍，球经过激烈的碰撞，反弹速度就会比原先快得多。宇宙间的引力也是如此——一颗运动中的行星能够借助引力将经过的宇宙飞船拉拢过来，然后以更快的速度将其弹射出去，助其驶入浩渺的星际空间。

NASA 于 1977 年启动了"旅行者 2 号"飞行任务，目的是探索神秘的太阳系外行星。航天器依靠一连串的引力辅助操作，从一个星系进入另一个星系，而这得益于每 176 年才发生一次的"行星连珠"。如果需要的话，还可以通过引力辅助使航天器减速。其实，在前往太阳系内行星——水星和金星的飞行任务中，人类已经做到了这一点，在太阳系内，太阳的引力会使向太阳飞行的航天器加速，产生需要释放的多余速度。

从某种意义上说，引力是不存在的，使行星和恒星发生移动的是时空的扭曲。

——加来道雄（Michio Kaku）

万物皆有相对性

虽然牛顿的万有引力定律向我们展示了太阳系内航天器的运行方式是如此令人震惊，但科学家们对引力产生的实际作用还没有给出最后定论。1915 年，德国物理学家阿尔伯特·爱因斯坦（Albert Einstein）发表了广义相对论，将引力现象归结为时空曲率。在引力场中，巨大的天体扭曲了时空景观，形成了引力势上不可见的丘陵和山谷，这些丘陵和山谷又进一步决定了其中运行物体的运动路径。在我们的太阳系中，太阳的质量在太空中形成了一个巨大的碗状洼地，行星在沿着轨道运动时，实际上就是在这片洼地的内部滚动。

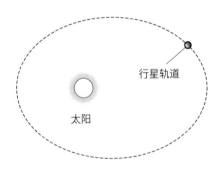

图 3-3　行星在沿着轨道运动

　　爱因斯坦十年前曾提出狭义相对论，后来又发表了广义相对论。狭义相对论是对运动物体科学的一种新观点，在此观点的研究过程中，爱因斯坦提出了著名的等式 $E=mc^2$，将能量 E 和质量 m 用光速 c 联系起来，由此奠定了核能的基础。然而，狭义相对论并未考虑到引力的影响。为了弥补这一理论缺陷，爱因斯坦进行了思想实验。在实验中，他构建了一些狭义相对论的场景，然后想象其中的物体在引力场中下落，并试图在脑海中推理出接下来的情况。这些想象力游戏使他相信，狭义相对论中平坦时空的弯曲就是解释引力现象的正确答案，而由此产生的广义相对论已经通过实验得到了验证。

牛顿万有引力定律缺乏准确性，但它的简单性弥补了这一不足之处。爱因斯坦的广义相对论是一个复杂的理论。在大多数情况下，牛顿定律都可以很好地分析太阳系范围内的太空飞行的近似值。

第 4 章

太空中的生存之道

休斯敦，我们有麻烦了。

——吉姆·洛弗尔

"阿波罗 13 号"机长

　　在探索太空的途中，许多英勇的灵魂永远地留在了星光里。悲剧的根源显而易见：在困难重重又无比残酷的太空旅行中，人类是如此脆弱——被加速到音速的 25 倍，缺氧，暴露在致命的辐射下，被加热至 1600℃ 以上，最后再从数百千米的高空飞回地球，这一切对人类来说并非没有风险。

　　我们可以将悲剧的发生归咎于人类的进化。地球经过沧海桑田的变迁，终于诞生了人类，在漫长的岁月里，我们已经适应了地球上相对舒适的生活。地球环境所带来的任何挑战都不足以帮助我们应对外太空致命性的极端生存条件。恰恰相反，航天员要在太空中存活，必须依靠工程师所提供的安全保障，这绝非易事。实际上，让人类旅行者在外太空生存，就像当初把他们送进外太空一样，是一项艰巨的挑战。

致命冒险

事实上，在飞离地球之前，你已身处危机四伏的境地。1986年1月28日上午，"挑战者号"航天飞机从佛罗里达州卡纳维拉尔角升空仅73秒，就在半空中轰然解体，7名机组人员全部遇难，全世界惊恐地目睹了这一场面。牺牲人员中包括由NASA选中的首位进入太空的平民教师克里斯塔·麦考利夫（Christa McAuliffe），以及罗纳德·麦克奈尔（Ronald McNair），一位物理学家出身的航天员，也是第一批进入太空的非裔美国人之一。

经过调查，酿成惨剧的原因最终归结于航天飞机的固体火箭助推器。这些助推器由七个钢制圆柱组成，里面装满了固体推进剂，它们通过环形夹连接在一起，每个连接处都用一对垫圈状的橡胶O形环进行密封。事故发生后，制造商美国齐柯尔（Thiokol）公司对O形环进行了测试，测试温度为$4°C$，但发射当天早上异常寒冷，温度为$-1°C$，而前一夜的温度降到了$-8°C$。寒冷使O形环变脆，在升空59秒时，一束火焰从火箭助推器右侧的下端接合处喷射出来。这股火焰像喷灯一样喷射在飞机外部燃料箱的侧面，14 秒后，燃料箱发生了灾难性的爆炸。

　　这架航天飞机并不是被爆炸本身所摧毁的。在爆炸的一瞬间，它被气流冲击出一个翻滚的轨迹，受到极端的空气动力作用（这时航天飞机已经处于超音速飞行状态），轻质铝制机身被撕裂。2 分 45 秒之后，它以 330 千米／时的速度从距离地球表面 15 千米的高度落回了地球，并直直撞上了大西洋平静的海面。

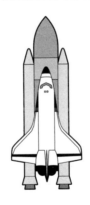

图 4-1　"挑战者号"航天飞机

　　人们将机舱的残骸以及航天员的遗体从卡纳维拉尔角东北方向约 29 千米的海底打捞上来，发现应急气囊已被激活，这证明至少有部分机组人员在飞机刚解体时还活着，并且意识尚存。

"挑战者号"的灾难使人们清楚地意识到太空旅行是一场多么致命的冒险。其实，此次惨剧也是一种警示，提醒人们不要偷工减料，留下隐患。美国齐柯尔公司曾预先警告过NASA，O形环尚未被批准在如此低的温度下使用。然而，尽管收到了建议，NASA还是选择了一意孤行。

如果航天飞机安装了某种机组人员逃生系统，悲剧或许就可以避免了。在"挑战者号"的前四次飞行中，航天员的确配有弹射座椅。这样的安全保障在一开始是可行的，执行任务的只有两名机组人员。然而，一旦航天飞机进入服役阶段，机组人员的规模便开始增加，人数最多时达到7人。在发射过程中，有4名机组人员坐在驾驶舱中，而另外3人则坐在下方的另一个驾驶舱中，因此遇险时他们无法使用弹射座椅。在"挑战者号"之后，NASA确实增加了一个降落伞逃生系统，可以在航天飞机滑翔返回地球的过程中使用，但在其动力上升阶段却无法使用。

如果我们牺牲了，我们希望人们能平静地接受。我们从事的是一项危险的事业……征服太空值得我们用生命去冒险。

——维吉尔·加斯·格里森（Virgil Gus Grissom）

紧急逃逸！

现代载人运载火箭，以及许多出现时间早于航天飞机的运载火箭，都使用了所谓的"发射逃逸系统"。例如，"土星 5 号"直接在飞船上方安装了逃逸塔。如遇紧急情况，飞船将与主运载火箭分离，逃逸塔随之启动，帮助机组人员脱险，随后降落伞在空中展开，以减缓飞船向地面下降的速度，最终帮助机组人员安全降落。

阿波罗 13 号

太空飞行固然会遇到险境，但历史上也不乏许多战胜险境的美谈。在这些振奋人心的事迹里，最伟大的也许是"阿波罗 13 号"登月任务。"阿波罗 13 号"于 1970 年 4 月 11 日在卡纳维拉尔角发射，这是美国第三次载人登月的壮举。飞行了大约 56 小时之后，当飞船离月球还有三分之一的路程时，电气故障导致一个机载氧气罐爆炸。

爆炸击穿了第二个氧气罐，并关闭了三个用于发电的氢氧燃料电池的其中两个。随着两个氧气罐的破裂，氧气逐渐向太空泄漏，与此同时，飞船也只剩下三分之一的能量，当务之急是保证航天员的安全，让他们活着回家。而航天员们运用自己的智慧，从登月舱中拼接了电池、氧气等设备，把登月舱当作"救生艇"（幸运的是，事故发生时他们还没有到达月球，若正常完成登月任务，登月舱会被抛弃），最终，指挥舱于 4 月 17 日安全降落于太平洋上。航天员弗雷德·海斯（Fred Haise）、杰克·斯威格特（Jack Swigert）、吉姆·洛弗尔以及位于休斯敦的地面控制小组都被授予了总统自由勋章。

发射逃逸系统曾经成功挽救过生命。1983 年，执行 7K-ST 任务的苏联"联盟号"在发射台上突然起火，千钧一发之际，逃逸塔及时发射，在火箭爆炸的前几秒钟成功将载人飞船拖出了危险区域。航天员弗拉基米尔·季托夫（Vladimir Titov）和根纳季·斯特拉卡洛夫（Gennady Strekalov）虽然因为逃生火箭的猛烈加速而伤痕累累，但依旧活了下来，并向我们讲述了这个故事。

在火箭一级接一级连接的情况下（称为串联级，见第 2 章），发射逃逸系统是有效的。在这种堆叠结构下，如果出现任何问题，位于顶部的飞船更容易撤离。然而，逃生系统对航天飞机可能没什么帮助，因为航天飞机是并联级结构，机组人员位于主燃料箱旁边，本质上更加危险。

不过好消息是，大多数火箭在发射时都能护送航天飞机完好无损地进入太空。但这仅仅是个开始。对于一个刚刚进入太空的人来说，首要困难就是缺乏可呼吸的空气。太空中的微量气体往往会被天体的引力吸入，这就是为什么行星（至少是较大的行星）有大气层，而太空本身却是高度真空的。

失去知觉的前一刻，我感觉到舌头上的唾液开始起泡。

——吉姆·勒布朗（Jim Leblanc）

如果人类长期处于真空环境中，会发生什么？有人曾推测，人的身体会膨胀，血液会沸腾，如果你相信好莱坞电影里那些怪异画面的话，人的眼睛还有可能爆出眼眶。然而，目前我们还没有这方面的真实数据来证实以上推测。迄今为止，我们所掌握的最明确的信息是工程师吉姆·勒布朗的案例。1966 年，他在NASA 的真空室里试穿一件航天服。当时，航天服的加压软管突然断裂，14 秒之后他便昏了过去。事后勒布朗回忆说，由于气压太低，他感觉舌头上的唾液都开始沸腾了。晕倒几秒钟之后，他接受了紧急吸氧并最终完全康复。

图 4-2　航天服

　　航天服可以直接保护航天员在太空行走时不受真空环境的影响，也可以作为正常操作期间的应急备用组件。大部分时间，航天员都处在相对安全的宇宙飞船中，被加压的宇宙飞船通过多种来源自行产生可供航天员呼吸的氧气。短时间的太空飞行只需配备氧气罐。在国际空间站上，氧气的制造方式是通过电流将水分离成氢气和氧气，再将多余的氢气排放到太空中。空间站里的空气被气泵抽送到过滤器，以去除异味和杂质，然后通过冷金属板提取水分。同时，一种名为"二氧化碳涤气器"的装置可以吸收航天员呼气时不可避免产生的二氧化碳，防止二氧化碳浓度过高，对航天员造成危害。该装置的工作原理是使气体与氢氧化锂发生反应，并将其转化为碳酸锂和水。

然而，氧气发生器并非万无一失。1997 年，苏联"和平号"空间站使用的氧气发生系统被大火烧毁。火灾本身就是一次重大事故，但在火灾之后，机组人员由于缺少可供呼吸的空气，不得不使用紧急备用高氯酸锂氧烛，这种氧烛会在燃烧时释放氧气。今天，国际空间站上仍然配备着高氯酸锂罐作为紧急备用装置。

高超音速弹片

保持外部恶劣的真空环境和内部可供呼吸的空气之间的界限，是航天器设计者面临的一大挑战。这个挑战最大的风险来自宇宙飞船与小颗粒的碰撞，尽管颗粒体积很小，但它们的运动速度非常快，足以在飞船的外壳上打一个洞。在最乐观的情况下，这只会导致一次可以修复的轻级泄漏事故，而在最糟糕的情况下，这有可能导致爆炸性减压，当飞船内部的空气冲向外部时，飞船的外壳会像气球一样砰然爆裂。

其中一些小颗粒是天然的微流星体（微小的岩石粒子），但令人惊讶的是，地球轨道上的航天器遇到的大多数小颗粒都是人造物体在太空爆炸解体后产生的太空碎片，包括废弃的火箭级碎片、航天员掉落的工具、退役卫星的碎片，甚至还有冰冻的尿液。这些碎片以 8 千米 / 秒的速度飞行，在这样的速度下，一颗 5 克重的螺钉所携带的能量相当于一个 200 千克重的物体从 18 层楼的顶部坠落所产生的能量。

> 太空飞行不容粗心大意、不胜其任和百密一疏。
>
> ——吉因·克兰兹
> NASA 飞行指挥官

在这样的高速下，即便是微小的油漆斑点，撞击时产生的威力也如同高超音速弹片一般强大，就像呼啸的暴风雪迎面袭来。事实上，这类事件的确曾经发生过。1983 年，一个小颗粒在"挑战者号"航天飞机的挡风玻璃上砸出了巨大的凹陷。2007 年，一块太空碎片在"奋进号"航天飞机的其中一块散热板上打出了一个 6 毫米的孔洞。

　　欧洲航天局（ESA）估测，地球轨道上大约有 90 万块尺寸大于一厘米的太空碎片，还有数百万块小于一厘米的碎片。美国太空监视网（SSN）在全球多处设有跟踪站，目前正在监测地球轨道上大约 2 万个物体，其中只有大约 2000 个是正在运行的航天器。当美国太空监视网检测到一个物体与运行中的航天器距离过近时（通常以撞击概率超过万分之一来确定），它会向飞船控制器发出警报，以便航天器采取紧急闪避动作。国际空间站平均每年需要进行一次紧急规避。

　　一块碎片的尺寸必须至少有 10 厘米，美国太空监视网才能够有效追踪其位置。因为有些碎片尺寸较小，无法被及时发现并有效躲避，国际空间站安装了一种叫作惠普尔盾（Whipple shield）的保护装置来处理这类碎片，该装置以提出此想法的美国天文学家弗雷德·惠普尔（Fred Whipple）的名字命名。惠普尔盾的多个防护层被分离开来，以粉碎进入空间站的太空垃圾，并将碎片散布到更广阔的太空区域。航天器通过这种方式扩散了冲击力，就好像有效地将步枪子弹变成了霰弹枪的炮击，使得航天器的外壳更容易吸收冲击力。国际空间站的外壳是铝制的，并用多层陶瓷纤维织物和凯夫拉尔合成纤维（也用于防弹衣）加固。

魅影危机

太空碎片并非航天员面对的唯一难题，他们还要对付另一个无形的威胁，那就是辐射。辐射是太空中的一大危险，长时间的太空飞行造成的辐射伤害尤为严重。也许，阻碍人类探险家实现探索太阳系其他星球的宏伟计划的最棘手因素就是辐射。

外太空的有害辐射大多以高速亚原子粒子的形式出现。这些粒子要么是在太阳耀斑[1]和日冕物质抛射[2]等发生在太阳表面的剧烈活动中由太阳喷射出来的，要么是宇宙射线——来自太阳系以外的超高能粒子，甚至还可能来自银河系以外。另外，标志着大型天体

---

1. 太阳色球层的光亮喷发。

2. 日冕局部区域的物质大规模快速抛射现象。

死亡的超新星爆炸，也已被确定为一种可能的辐射粒子来源。

图 4-3　辐射警告标志

这些辐射粒子大多都带电，这对地球上的我们来说是个好消息，因为它们会被地球磁场击退，而那些通过地球磁场的辐射粒子大部分则被大气层吸收了。不过，在太空中就是另一种情况了，航天员很容易受到辐射粒子的伤害。

"阿波罗"计划的航天员报告说，他们在飞行期间偶尔会看到一些明亮的闪光，据说那是在他们眼前经过的辐射粒子。实际上，"阿波罗"计划成功躲过了一劫。1972 年 8 月，就"阿波罗 16 号"成功返航之后和"阿波罗 17 号"发射升空之前的这段时间里，爆发了一场猛烈的太阳风暴[3]，其威力足以破坏整个地球电网。如果这场风暴发生在某次太空任务期间，那就意味着

3. 太阳在黑子活动高峰阶段产生的剧烈爆发活动。

在月球上行走的航天员有可能会死亡，或者罹患严重的辐射病。

在太空中，一天的辐射相当于地球上一整年的辐射。

——马可·杜兰特（Marco Durante）物理学家

据估计，在火星之旅中，一名航天员所吸收的辐射量是地球上的人的七百倍。还有证据表明，曾经进入过太空的航天员在以后的生活中患白内障和心脏病的风险较高，这两种疾病都是由辐射照射造成的。此外，长期飞行还会增加患癌和神经系统损伤的风险。

各项太空计划伤亡情况				
发射日期	任务 / 航天器名称	国家	事故描述	遇难者
1961 年 3 月 23 日	航天员训练	苏联	低压舱起火	瓦伦丁·邦达连科（Valentin Bondarenko）
1967 年 1 月 27 日	阿波罗 1 号	美国	在发射前的测试中，电气故障点燃了驾驶舱内的纯氧，致使机组人员被烧死	维吉尔·加斯·格里森艾德·怀特（Ed White）罗杰·布鲁斯·查菲（Roger Bruce Chaffee）

（续表）

发射日期	任务／航天器名称	国家	事故描述	遇难者
1967 年 4 月 24 日	联盟 1 号	苏联	降落伞在重返大气层后未能展开，导致飞船高速撞击地面	弗拉基米尔·科马罗夫（Vladimir Komarov）
1967 年 11 月 15 日	X-15 试验机 3-65-97	美国	电气故障导致飞行员在以 5 马赫的速度飞行时失去了对飞机的控制，飞机在飞行中解体	迈克尔·亚当斯（Michael J.Adams）
1967 年 12 月 8 日	航天员飞行训练	美国	F-104 星式战斗机在演练急降滑翔时坠毁	小罗伯特·亨利·劳伦斯（Robert Henry Lawrence, Jr.）
1971 年 6 月 30 日	联盟 11 号	苏联	飞船脱离"礼炮 1 号"空间站后，故障阀门泄漏了飞船的所有氧气	乔治·多布罗沃尔斯基 Georgy Dobrovolsky）维克托·帕察耶夫（Viktor Patsayev）弗拉季斯拉夫·沃尔科夫

（续表）

发射日期	任务／航天器名称	国家	事故描述	遇难者
1986 年 1 月 28 日	STS-51-L	美国	"挑战者号"航天飞机在起飞 73 秒后解体，原因是天气寒冷导致固体火箭助推器失效	格雷戈里·贾维斯（Gregory Jarvis）克里斯塔·麦考利夫 罗纳德·麦克奈尔 埃里森·奥尼佐卡（Ellison Onizuka）朱迪斯·蕾斯尼克（Judith Resnik）迈克尔·J. 史密斯（Michael J.Smith）迪克·斯科比（Dick Scobee）
1993 年 7 月 11 日	航天员训练	苏联	在黑海进行水上救援训练时溺亡	谢尔盖·沃佐维科夫（SergeiVozovikov）

（续表）

发射日期	任务／航天器名称	国家	事故描述	遇难者
2003 年 2 月 1 日	STS-107	美国	"哥伦比亚号" 航天飞机发射时隔热系统受损,导致其重返大气层时燃烧	里克·哈兹班德 (Rick Husband) 威廉姆·麦库 (William McCool) 麦克尔·P. 安德森 (Michael P.Anderson) 大卫·布朗 (David Brown) 卡尔帕纳·楚拉 (Kalpana Chawla) 劳瑞尔·克拉克 (Laurel Clark) 伊兰·拉蒙 (Ilan Ramon)
2014 年 10 月 31 日	维珍银河公司试飞	美国	维珍银河 "太空船 2 号" 在飞行过程中因缓降机翼提前启动导致解体	迈克尔·阿尔斯伯里 (Michael Alsbury)

　　为了限制太空的辐射照射并弱化其对人体的伤害，最直接的方法就是定期进行航天员轮换。对于地球轨道上的国际空间站

而言，这个方法实施起来并不难，在那里，每个航天员通常会停留大概 6 个月的时间，即便如此，他们在外太空依旧受到了过度的辐射照射。

幸运的是，国际空间站的低轨道使其保持在地球磁场所提供的自然屏障内，从而使带电辐射粒子发生偏转，因此在一定程度上保护了空间站。然而，载人火星任务的情况就与此不同了，航天员要在外太空暴露许多个月，而且没有退路。

太空飞行的真正勇气并不是坐在 3000 吨的燃料上，并在发射升空的巨大轰鸣声中乘着火箭飞离这颗星球，而是善于忍耐……不屈不挠，准备充分，相信自我。

——罗纳德·麦克奈尔

"挑战者号"航天员

当然，运用屏蔽装置可以有效阻隔辐射，但问题在于屏蔽装置的重量较大。正如我们所见，当人类向太空发射物体时，更大的重量意味着需要更多的燃料，也就是更多的资金。国际空间站采用了一个能够高度屏蔽辐射的飞船作为折中方案，在太阳剧烈活动期间，航天员可以全部躲进舱内。药物是降低辐射伤害的另一种可能性，它可以减缓致癌 DNA 损伤的扩散速度，给细胞充分的愈合时间。

目前，科学家们正在开发一种新的解决方案，在航天器周围打造一个人工磁场，使辐射粒子发生偏离，就像地球磁场的作用一样。过去人们认为，要产生人工磁场，环绕航天器的磁泡[4]必须横跨数千米，同时航天器的发动机功率需要高达几兆瓦。但英国卢瑟福·阿普尔顿实验室的研究人员通过实验和计算机运算得出，要打造一个更加温和的磁场，100 米的磁泡直径就足够了。卢瑟福·阿普尔顿实验室目前正与 NASA 以及其他机构合作开发这一方案，如果成功，人工磁场有可能会成为长距离载人航天飞行的关键使能技术。

返航

大多数进入太空的人都会为自己购买一张回程票，这意味

---

4. 当外加磁场增加到某一程度时，磁性晶体的一些磁畴便缩成圆柱状，其磁化强度与磁场方向相反，在外磁场作用下可以移动，像一群浮在模面上的水泡，称为磁泡。

着他们可以安全地返回地球。对于亚轨道飞行来说，安全返程并非难事，主要有以下两种方法。第一种是给航天员配备降落伞，帮助他们降落在水面上，或是借助火箭或安全气囊进行缓冲，最终安全降落在坚实的地面上。另一种选择是航天器借助机翼滑翔，最终降落在跑道上，就像飞机的着陆方式一样。目前这两种降落技术都已得到成功验证。

与降落的过程相比，更为危险的是从轨道返回地球的路程。而危险之处就在于这个过程中飞船的速度。要抵达近地轨道意味着飞船需加速到 7.8 千米 / 秒，相当于 28000 千米 / 时。而要想从近地轨道返回地球，飞船必须减速。你也许认为最简单的减速方法就是启动制动火箭。但是，在这样的高速下制动需要大量的燃料，所有这些燃料都需要被运上轨道，使宇宙飞船发射时需要增加大量的燃料，这对于火箭体积的要求也难以实现，而且成本过于高昂。

图 4-4　航天降落伞

因此，飞行任务规划人员决定将地球大气层作为自然制动系统。宇宙飞船短暂地启动其制动火箭，然后开始从轨道上下降。随着飞船高度下降，大气层逐渐变得更加稠密，继而产生一种阻力（当一个物体在流体中移动时阻碍其运动的反作用力），使飞船减速。但问题是，这个过程将会产生大量的热量。飞船前部的空气会被压缩，就像自行车打气筒在挤压里面的空气时会变热一样，飞船前部的空气也会因为压缩而发热。不同的是，在这种情况下，飞船空气的温度将高达 1600℃，足以熔化钢铁。

这就是为什么从轨道返回地球的航天器必须安装所谓的隔热系统，也就是防热罩，以抵御飞船重返大气层时产生的灼热温度。包括"阿波罗"飞船在内的 20 世纪 60 年代至 70 年代的宇宙飞船，都使用了所谓的"烧蚀"防热罩，它们会在加热时焦化，使小碎片断裂脱落并带走飞船的热量，从而达到热防护效果。但也正因如此，烧蚀式防热罩只能使用一次。

另一方面，航天飞机的建造材料是由轻质瓷砖、碳复合材料和绝热层混合而成。航天飞机的系统是可以重复投入使用的，但人们对系统的脆弱性早有担忧。2003 年 2 月 1 日，"哥伦比亚号"航天飞机在重返大气层时不幸燃烧并解体，七名航天员全部遇难，人们的担忧得到了悲剧性的验证。事故后的调查发现，发射时一块从航天飞机外储箱中脱落的绝热泡沫塑料，在飞机左翼前缘的防热罩上撞击出一个洞。当飞机重返大气层时，过热气体借机入侵，迅速熔化了飞机内部的铝结构，导致航天飞机解体。

如果我们想前往火星，那将是非常非常困难的，它将花费大量的金钱，而且可能会夺去人的生命。

——斯科特·凯利（Scott Kelly）

美国航天员

也许是从"哥伦比亚号"事故当中吸取了教训，下一代载人飞船已经回归了烧蚀防热罩的设计，并经过反复试验和测试才投入使用。这些飞船被装载在火箭上发射升空，太空舱位于飞船顶部，这样一来，坠落的碎片就无法破坏航天飞机上的隔热系统了。

尽管对于人类太空旅行者来说，探索宇宙危险重重，但人类仍在通过创新继续攻坚克难。然而，总有一些目的地太过危险，总有一些任务并不需要活生生的血肉之躯去执行。在下一章中，我们会发现有时最好根本不必派遣人类去探索的原因。

第 5 章

让机器接任的时机

太空机器人对太阳系的彗星、小行星、行星及
其卫星的探索彻底改变了我们对太阳系的认识。

——詹姆斯·范·艾伦(James Van Allen)

一提到太空机器人，许多人都会联想到《星球大战》（*Star Wars*）中的 R2-D2 和 C-3PO，或是《迷失太空》（*Lost in Space*）中那个拥有波状手臂的助理机器人。虽然现实可能与影视作品中的虚构描述大相径庭，但在人类探索外太空的艰辛历程中，机器人的确功不可没。实际上，太阳系角落里留下的每个人类印迹（至少在月球以外），都是由我们的机器人使者代劳的。

机器人强大的适应能力保证了它们在极端的太空环境下依旧能够生存，而脆弱的人类在同等恶劣的条件下却只剩渺茫的生机。正因如此，当人类探索冥王星的冰冷地带、穿越日冕的灼热空气或是在金星表面的高压下挣扎着存活的时候，派遣太空机器人是目前唯一现实的选择。

太空旅行不仅危机重重，而且价格不菲。人类进入太空必须携带的庞杂的生命支持系统占了太空旅行经费支出的一大部分。制造可供呼吸的氧气、维持食物和水的供应，以及屏蔽有害辐射的飞船，这些装置都增加了航天器的重量，因此需要更多的燃料和体积更大、价格更昂贵的火箭将航天员送入太空。

探索宇宙，机器人更在行，而且成本也更低，因为不需要再将它们带回地球了。

——斯蒂芬·霍金（Stephen Hawking）

为了避免混淆，在接下来的谈论中，我将把任何到访过太空却没有载人的航天器称为"智能探测器"。所以，即使有些航天器是由地面上的人类远程驾驶的，在本书中，我们依然称其为机器人。

人工智能革命

随着机器人太空探测器可达的区域越来越广阔，地球上的人类也越来越难以操控它们。即使是一艘在木星上的宇宙飞船，其无线电信号以光速传至地球也需要 40 多分钟。因此，太空和地球之间的实时通信不可能实现，复杂的任务也进行得异常缓慢。人工智能（AI）是数据科学的其中一个领域，它赋予了计算机及其控制的机器人一定程度的自主权，使它们能够独立做出决定并执行任务。这类系统也许能帮助轨道卫星确定它所飞越的地形，帮助漫游车选择最优路线，并自动驾驶到指定目的地。在一颗活跃行星上，自动探测和实时避免危险可能对探测器的"存活"至关重要。NASA 的"好奇号"火星漫游车已经通过人工智能系统自动识别出了附近有研究价值、值得进一步分析的岩石。在未来的太空任务中，大量的人工智能技术将会为人类的太空事业添砖加瓦。

月球探测器

1951 年，苏联发射了第一个智能探测器，上面搭载了两只狗——得利卡（Dezik）和吉普赛（Tsygan）。1957 年，苏联发射了"斯普特尼克 1 号"，这是人类第一艘绕地球飞行的飞船。随后，苏联又发射了"斯普特尼克 2 号"，并搭载了另一只名为莱卡的狗，沿着轨道绕地球运行。

1958 年，美国紧随其后，发射了自己的机器人轨道飞行器"探险者 1 号"和"先锋 1 号"（Vanguard 1）。没过多久，任务规划人员就向更遥远的太空派遣了无人驾驶飞行器。1959 年，苏联启动了月球计划,向月球发射了机器人轨道飞行器和着陆器。1958 年 9 月，"月球 2 号"坠毁于月球表面，成为首个降落在月球表面的人造物体。一年之后，"月球 3 号"绕着地球的这颗天然卫星运转，并首次传回了月球背面的图像。后来的月球任务甚至收集了月球表面的土壤样本，并将其送回地球。迄今为止，这是唯一一次成功的行星或月球采样返回任务。

我希望到了 2050 年，由微型智能探测器组成的舰队能够成功探索并测绘整个太阳系。

——马丁·里斯（Martin Rees）

1961 年，美国以"徘徊者号"的任务形式，开启了自己对月球的机器人探索历程，其中第一个探测器于 1962 年 4 月到达月球表面。"徘徊者号"的目的是将探测器置于月球碰撞航线上，使探测器成功实现月球撞击，并在撞击月球表面的前一刻向地球传回月球的高分辨率图像。

继"徘徊者号"之后，NASA 又实施了"勘测者号"（Surveyor）计划，但此次任务是要在月球上进行软着陆，为"阿波罗"载人登月做准备。值得注意的是，一些科学家曾警告说，月球土壤可能是轻质粉状物，可以轻而易举地湮没任何着陆器。然而，"勘测者号"计划证明了事实并非如此。1966 年 6 月 2 日，"勘测者 1 号"在月球的弗兰斯蒂德环形山（Flamsteed Crater）附近成功着陆。事实上，1969 年 11 月，"阿波罗 12 号"在距离"勘测者 3 号"仅 183 米的地方着陆，在这样的距离下，航天员能够走到探测器旁，回收其电视摄像机和其他装置。直到现在，"勘测者 3 号"仍然是唯一一个在着陆点被人类造访的智能探测器。

与"勘测者号"计划同步进行的是苏联的探测器（Zond）计划。该计划的最初目的是飞越火星和金星，然而在前两次飞行任务都宣告失败之后，该计划被重新定位，降低期望值后继续完成月球探测任务。

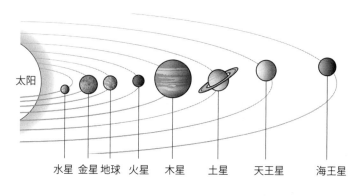

太阳

水星 金星 地球 火星 木星 土星 天王星 海王星

图 5-1 太阳系的八大行星

　　不过,苏联的机器人行星探索计划还远远没有结束。它的"金
星号"(Venera)计划进展得比探测器计划顺利得多。1961 年 5 月,
"金星 1 号"飞越金星,这是有史以来地球发射的航天器首次飞
越另一颗行星。美中不足的是, 在此之前, 地球已经失去了与"金
星 1 号"的联系,因此并没有照片或数据返回地球,记录这一壮举。
1966 年,"金星 3 号"坠毁于金星表面,成为首个降落到另一颗
行星表面的航天器。紧随其后的是"金星 4 号""金星 5 号"和"金
星 6 号"探测器,它们做到了向地球传输数据的同时有控制地下降,
即在降落伞的作用下缓慢下落。最后, 在 1970 年 12 月 15 日,"金
星 7 号"首次实现了软着陆,并在 460° C 的金星表面"存活"了
23 分钟。"金星号"计划一直持续到 20 世纪 80 年代,1982 年,"金

星 13 号"向地球传回了第一批金星的彩色图像,人们看到,这颗
星球的表面如同被地狱之火炙烤过一般狰狞可怖。

红色星球

不甘落后的美国也在 20 世纪 60 年代和 70 年代向金星发射
了机器人探测器。1962 年 12 月,NASA 的"水手 2 号"(Mariner 2)
飞越金星,这是美国首次成功用一个运行正常的航天器飞越其他
行星。美国在火星探索事业上是真正的领头羊。1964 年,美国的"水
手 4 号"探测器首次飞越了这颗红色星球。1971 年 11 月 14 日,"水
手 9 号"成为首个绕火星轨道运行的探测器,并传回了火星表面的
特写图像,其中包括火星赤道上一条巨大的裂谷,人们将其命名为
水手谷,以纪念"水手号"探测器。

继"水手号"成功登陆火星后,美国乘胜追击,开启了"海
盗号"火星计划,1976 年 7 月和 9 月,两个轨道飞行器成功进
入火星轨道,两架着陆器也按计划抵达了火星表面。这些任务的
成果显示,火星表面的大部分地貌似乎是由水力侵蚀形成的。着
陆器也从火星表面传回了令人惊叹的图像和科学数据。

20 世纪 80 年代和 90 年代，火星探索似乎经历了一段瓶颈期，许多的发射任务都惨淡收场。事实上，多年来，人们对抵达火星的难度之大早已有所耳闻，所有火星任务中，只有不到一半的探测器成功抵达火星，圆满完成了任务。20 世纪 90 年代末，NASA 的火星"探路者号"（Mars Pathfinder）降落在一个古老的火星漫滩——阿瑞斯谷（Ares Vallis），终于打破了人类火星探索的瓶颈。此次任务十分新颖，因为它携带了"索杰纳号"（Sojourner），一辆只有微波炉大小的小型漫游车，它可以在火星着陆点附近四处行驶，勘测它所发现的任何有研究价值的物体。实际上，早在 20 世纪 70 年代，苏联就已经率先提出了"漫游车"这一概念，当时苏联的无人驾驶月面自动车圆满完成了登月任务。后来，苏联试图通过"火星 2 号"和"火星 3 号"探测器将漫游车技术送上这颗锈红色的星球，可惜两者都未能成功着陆。

继火星"探路者号"之后，NASA 在 2004 年又发射了"勇气号"和"机遇号"两个双胞胎兄弟探测器。两者都在火星表面进行了长期工作，但"机遇号"的寿命最长，最终在 2018 年 6 月遭遇了一场沙尘暴，在火星表面累计行驶了 45.16 千米，这是迄今为止机器人漫游车行驶的最远距离。2012 年，"好奇号"紧随其后，成功登陆火星表面。这是一辆汽车大小的漫游车，旨在调查火星上过去存在生命的可能性，以及火星的地质和气候情况。

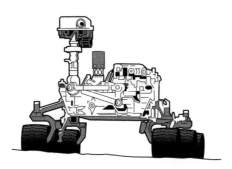

图 5-2　"好奇号"火星探测器

NASA 的"毅力号"（Perseverance）漫游车于 2021 年 2 月抵达火星表面，它的原型是"好奇号"漫游车，但两者搭载了不同的科学仪器。

人类希望"毅力号"漫游车能够为火星采样返回任务打下基础。实际上，"毅力号"漫游车将从收集火星表面的样本开始，并将它们留在沿途放置的罐子里，未来登陆火星的漫游车可以将这些罐子收集起来，装入火箭并发射回地球。返回地球的样本可以在大型实验室中接受一系列全面的科学检验，而不是仅有飞船狭小空间里的受限选项。截至目前，智能探测器已经采集了月球、太阳风（太阳释放的粒子流）、彗星尾部和小行星表面的各类样本，并将它们送回地球。

星空拓荒者

不要认为机器人可以替代人类，尽管它们能在解决许多棘手问题时助我们一臂之力。

——约恩·特里西（Eoin Treacy）

美苏之间的太空机器人竞赛进行了几十年，两国争相派遣探险机器人深入到更远的地方。甚至"阿波罗"登月计划尚未结束，NASA就在1972年3月份发射了"先驱者10号"。同年，"先驱者10号"抵达火星和木星轨道之间的小行星带，并于1973年11月开始传回巨行星木星及其卫星的照片，然后便飞向了太阳系的边缘。2003年，地球失去了与该探测器之间的联系，估计目前它距离太阳已远远超过180亿千米。"先驱者10号"和它的姊妹探测器"先驱者11号"（也曾访问过木星，后来成为首个飞越环状行星土星的探测器）都携带了一块镀金铝板，上面展示了人类的样貌，以及人类与航天器的大小对比情况，还有一张显示地球位置的图表，以防探测器在飞离太阳系后，在星际空间巡航时被有智慧的外星生命体拦截。

NASA 的"旅行者号"计划也许就是人类带外行星[1]探索计划这顶皇冠上的宝石。该计划的两个探测器都在 1977 年发射。虽然"旅行者 1 号"飞越了木星和土星，但是"旅行者 2 号"才是此次旅行的真正主角，它飞越了木星、土星和天王星，并在 1989 年首次造访了海王星，开辟了一条载入人类史册的伟大航线。"旅行者号"传回的带外行星图像令人深感不可思议，由此激发了一代人的灵感，其科学发现为未来几十年人类的外太阳系探索制定了议程。

图 5-3　"旅行者号"探侧器

---

1. 指木星、土星、天王星和海王星。

继"旅行者号"之后，在 20 世纪 90 年代和 21 世纪初，"伽利略号"（Galileo）花了 8 年时间探索木星及其卫星；"卡西尼号"也对土星做了同样的工作，并将欧洲航天局的"惠更斯号"着陆器派遣到土星最大的卫星——土卫六（Titan）的表面。这是首个在另一颗行星的卫星上着陆的航天器，也是首个在外太阳系着陆的航天器。"惠更斯号"探测器在平均温度只有 –180°C 的土卫六表面"存活"了 90 分钟，向人类揭示了一个由永久冻结的水冰[2]和液态碳氢化合物组成的暗黑世界。

冥王星和冥王星之外

国际天文学联合会于 2006 年决定将冥王星以及太阳系外围数千个类似的冰冷天体从学术层面上重新归类为矮行星。然而，对于许多太空爱好者来说，冥王星仍然很特别。2015 年，NASA 的"新地平线号"以近 50000 千米 / 时的速度飞越而过，冥王星终于迎来了它的第一位"天外来客"。"新地平线号"从距离冥王星 12500 千米处，揭示了冥王星和它最大的卫星卡戎（Charon）

---

2. 由水或融水在低温下固结的冰。

以及它的一组小型卫星的地表特征。"新地平线号"发射于2006 年，由于飞船本身质量小，再加上木星巨大的引力辅助作用，它很快便成为有史以来飞行速度最快的宇宙飞船。

"新地平线号"现在正与"先驱者号"和"旅行者号"探测器一起驶离太阳系，向银河系的其他恒星飞去。从某种意义上说，机器人已经完成了对这里的探索，人类通过发射的大量太空天文探测器做到了这一点。这些探测器进入太空，观察遥远的宇宙，而不受朦胧的地球大气层的影响，同时也摆脱了人类活动造成的光污染和无线电噪声的阻碍。

第一个太空天文探测器是"探险者 7 号"，这是美国早在1959 年就送上太空的太阳观测站。此后世界上又诞生了更多观测站，以研究宇宙中各种形式的光。从无线电波到可见光谱，再到高能伽马射线，都是它们的研究对象。在这些太空观测站中，最著名的也许就是哈勃太空望远镜了，它于 1990 年发射进入地球轨道，至今仍在运行。太空观测站向我们展示了围绕其他恒星运转的行星、渺远的星系和超大质量黑洞的面貌，甚至还帮助物理学家拼凑出了宇宙诞生并演化至今的宏伟史诗。

如果要派遣人类前往太空，就必须有一个站得住脚的理由，而且我们要明确一个血淋淋的现实，那就是在这个过程中一定会有人丧生。

——卡尔·萨根

《暗淡蓝点》（*Pale Blue Dot*）

与此同时，一些新式太空探测器将冒险前往宇宙中迄今为止无人涉足的目的地。例如，类似直升机和四轴飞行器的无人机，它们已经飞上火星的天空，还将探访环绕土星、云雾缭绕的土卫六的天空。还有，专家们认为某些木星卫星的表面冰层下存在着液态海洋，人类计划利用潜水器来求证这个说法。除此之外，"突破摄星"（Breakthrough Starshot）是一个雄心勃勃的计划，它将向离太阳系最近的星系——半人马座阿尔法星发射一个无人探测器。我们之后还会详细说明这个计划。

看来，无论人类是在太阳系内还是在更浩瀚的系外太空旅行，机器人一直都是我们的挚友、同事和旅伴，协助人类未来的太空之旅。也许，科幻小说中的想象并没有那么离谱。

第6章

太空是笔大生意

我们的确正处在太空探索的新时代的黎明，而且是商业公司发挥更大作用的时代。

——埃隆·马斯克

一轮红日徐徐升起，这也许是今天最美丽的一次日出。到目前为止，你已经目击了五次日出。一道月牙形的光芒逐渐明亮起来，直到太阳燃烧着闯入黑暗的星空，掀起了一波彩色的浪潮，撕裂了下方距离你 400 千米的地球表面，你看到了熟悉的大片陆地和巨大的旋涡状天气系统。

此时此刻，你正卧在舒适的太空旅馆里，日升月沉尽数落进你眼底。这是地球轨道上的一处旅游胜地，每 90 分钟绕地球一圈。如果从眼前的壮阔美景中抽身出来，你还有机会体验零重力游泳，或是将这片世上最清澈纯净的天空作为样本进行天文学研究，真正的勇者还有机会通过太空行走亲身体验外太空的极限条件。

1967 年，时任希尔顿酒店集团联合主席的巴伦·希尔顿（Barron Hilton）向美国天文学会（American Astronautical Society）发表演讲，呼吁建立太空旅游基础设施，满足付费游客需求，使其可以被顺利运送进入太空。与家用机器人和空中飞车相同，太空旅游已经成为人们许愿已久的梦想，可惜迄今仍未实现。而现在，许多太空旅游公司正准备让梦想变成现实。

我十分确信，当太空旅馆成真时，它也将为希尔顿酒店带来实际的财务收入。

——巴伦·希尔顿

有些人也许会说，这样的太空旅馆已经问世了。国际空间站的第一个航天舱于 1998 年 11 月搭载俄罗斯"质子号"火箭升空。2001 年，囊中羞涩的俄罗斯联邦航天局（Russian space agency）开始出售原本分配给俄罗斯航天员的座位，国际空间站也因此成为首个接受付费客人的空间站，这让心高气傲的 NASA 官员大为懊恼。然而，空间站旅游的成本仍然远远超出大多数人的承受能力。

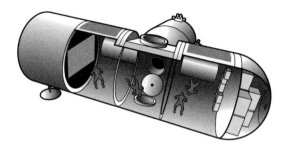

图 6-1　太空旅馆

实际上，太空旅游只是利用太空环境进行商业活动的一种方式。自 20 世纪 60 年代以来，地球轨道上布满了通信卫星，帮助各类企业轻松地向全球传送数据、电话和电视图像。卫星导航是另一项我们生活中不可或缺的应用技术。但是现在的公司不只是简单地运营卫星——他们还从事发射卫星的业务，并将自己的太空任务拓展到更远的地方。

从前人们曾认为，太空飞行困难重重且价格昂贵，只有民族国家才敢于尝试。然而这种观点已经逐渐淡化，取而代之的是由亿万富翁和私人组织组成的小圈子，他们将载着付费客人和有效载荷飞到"高边疆"[1]，再返回地球——标以合适的价格。

---

1. 高边疆：20 世纪 80 年代，美国里根政府提出"高边疆"战略，主要目的在于对地球的外层空间进行新的开拓，使太空领域成为美国新的边疆。

新兴行业

航天硬件的生产长期以来一直外包给私营部门。早在 20 世纪 50 年代早期，设计和建造将首批美国航天员送入太空的"红石"弹道导弹时，生产合同就被授予了克莱斯勒（Chrysler）、北美航空公司（North American Aviation）和道格拉斯飞行器公司（Douglas Aircraft Company）。这些公司只负责制造和供应航天器以及零部件，他们没有自己的航天器，当然也无权驾驶它们。

这种情况在 1962 年开始改变，当时约翰·肯尼迪总统签署了《通信卫星法案》（Communications Satellite Act）并使之生效。该法案允许私人公司拥有并运营绕地卫星，这实际上也开启了卫星通信行业。第一颗由私人公司发射的通信卫星是同年发射的"电星 1 号"(Telstar1)，它是美国电话电报公司(AT&T)、贝尔实验室(Bell Labs)、NASA、英国邮政总局（UK General Post Office）和法国电信（National PTT）的联合实验项目。

"电星 1 号"乘坐 NASA 的"雷神－德尔塔"（Thor Delta）火箭从卡纳维拉尔角飞离了地球。NASA 坚持参与其中，并强烈反对私人公司通过自行发射卫星插手太空事宜。

　　然而，NASA 也并非总能如愿以偿。1982 年 9 月，一家名为太空服务公司（Space Services Inc.）的私营企业，首次向太空发射了私人运作的火箭，其员工包括 NASA 前航天员德克·斯莱顿（Deke Slayton）。太空服务公司的"康内斯托加号"（Conestoga）火箭是一种改良的民兵洲际弹道导弹，从距离得克萨斯海湾 11 千米的马塔戈达岛发射，携带 500 千克的试验用有效载荷，飞行高度为 309 千米。不幸的是，这是"康内斯托加号"火箭唯一一次成功的发射。

　　随着前总统罗纳德·里根（Ronald Reagan）签署的 1984 年《商业太空发射法案》（Commercial Space Launch Act of 1984）开始生效，NASA 对私人火箭的抵制态度也开始发生转变。该法案将私人经营的太空发射服务正式合法化，1990 年的《发射服务购买法案》（Launch Services Purchase Act）又强调了这一点，而这有效地迫使 NASA 尽可能地采购商用运载火箭。

　　太空旅行的最终目的不仅是给人类带来科学上的发现和偶尔在电视上播出的精彩节目，还是对我们精神上的真正拓展。

　　　　　　　　　　　　　　　　——弗里曼·戴森（Freeman Dyson）

除了美国，太空旅行商业化也在世界各地蓬勃发展。1980年，欧洲航天局成立了阿丽亚娜太空公司（Arianespace），这家公司为航天工业提供发射服务，最初他们只使用阿丽亚娜火箭，但现在研发出了一系列体积更小的助推器，可以处理不同大小的有效载荷。20世纪90年代，俄罗斯的航天基础设施开始投放市场，其"联盟号"和"质子号"火箭均可提供飞行服务。2011年航天飞机退役之后，NASA不得不在太空探索技术公司等美国公司开始提供商业载人飞行之前为"联盟号"飞船的航天员预订座位。

玛氏女孩

20世纪80年代，NASA在航天飞机飞行中引入了"载荷专家"的角色，私人太空旅行的发展步伐也随之加快。这些机组人员往往不是职业航天员，而是拥有一技之长的科学家和工程师，他们的专业技术通常与特定的太空任务有关。尽管如此，在获准飞行之前，他们仍然必须接受密集的航天员培训。

1989年，一个由英国宇航公司（British Aerospace）和国际花商联盟（Interflora）等各个英国公司组成的财团发起了朱诺计划（Project Juno），预备将一名英国公民送上太空，他们在招募启事上写道：招聘航天员，经验非必需。随后有 1.3 万人申请了这份工作，其中四人被选中，并在苏联星城航天员训练中心接受了为期 18 个月的相关训练。

在这四人中，26 岁的海伦·沙曼（Helen Sharman）最终成为了幸运儿，被选中进行太空旅行。她是一名化学家，曾在玛氏糖果公司担任食品工艺师。1991 年 5 月 18 日，她登上"联盟号"运载火箭，飞往苏联"和平号"空间站。她在那里度过了 8 天时间，其间进行科学实验，从太空拍摄英国的照片，并抽出时间与地球上的孩子们通过无线电交谈。返回地球后，沙曼成为一名科普使者，撰写并讲授她的奇妙经历。1990 年，日本记者秋山丰宽（Toyohiro Akiyama）也乘坐"联盟号"宇宙飞船向"和平号"空间站飞去，并在那里停留了一周之久。这次太空旅行的资助者是秋山丰宽的雇主——东京广播公司。

1991 年苏联解体后，俄罗斯举国经济萧条，航天计划也面临着财政压力，太空旅游被视为筹集急需资金的一种方式。因此，俄罗斯联邦航天局与私人投资者合作创建了 MirCorpa，这家公司的目标是从"和平号"空间站获得收益，其商业计划的一部分就是太空旅游业。

　　太空旅行真正的未来并不在政府机构，而在私人公司，它们争相提供太空冒险之旅的优质服务，而这正是太空旅行的进步之源。

——巴兹·奥尔德林（Buzz Aldrin）

　　MirCorp 的第一位客户是美国商人丹尼斯·蒂托（Dennis Tito），他在 2000 年 6 月宣布，为了能在空间站停留几日，自己支付了 2000 万美元。然而他晚了一步，"和平号"空间站于 1999 年被遗弃，于 2001 年 3 月脱离地球轨道，在太平洋上空的地球大气层中燃烧殆尽。尽管如此，蒂托还是如愿踏上了他的太空之旅，他于 2001 年 4 月底飞往国际空间站，在轨道上停留了八日之久。虽然海伦·沙曼和秋山丰宽先他一步，但蒂托通常被认为是全世界首位太空"游客"，因为他是第一个自己掏钱买票的人。

聚焦奖项

后来国际空间站又接待了 6 名来访者，其中一名匈牙利裔美国软件工程师查尔斯·西蒙尼（Charles Simonyi）甚至拜访了空间站两次。然而，太空之旅的价格并没有大幅下降。不过，维珍银河公司即将开始搭载乘客在卡门线上方进行短程亚轨道飞行，看来这种票价情况很快就会改变。

维珍银河公司的飞行器名为"太空船 2 号"，悬挂在一架传统动力喷气式飞机下面。在飞行高度达到 15000 米时，"太空船 2 号"脱离运载飞机，同时混合式火箭发动机启动，迅速将其加速至 4200 千米 / 时（或 3.4 倍音速），然后发动机关闭，此时的速度足够飞船滑翔到 110 千米的峰值高度。在滑翔阶段，飞船基本上处于自由落体状态，乘客可以体验大约 6 分钟的失重状态。

对于亚轨道飞行来说，重返地球大气层不需要防热罩，相反，维珍太空船可以通过展开机翼，进行空气动力制动来减缓其下降速度，然后再滑行回跑道进行受控着陆。亚轨道飞行的总时长预计约为 2.5 小时。最初每位乘客的成本计划为 25 万美元左右，这仍然超出了我们大多数人的实际承受能力，不过，亚轨道旅行技术一旦成熟，票价预计会相应地下降。

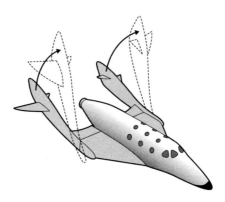

图 6-2　太空船 2 号

　　维珍银河的飞船从美国新墨西哥州的美国航天港起飞，这是获得美国联邦航空局（FAA）许可的航天器发射和着陆场地，不过在俄克拉荷马州、加利福尼亚州、阿拉斯加州和其他州也有航天港。维珍银河公司计划在 2007 年就开始提供付费乘客太空旅游服务，但发生了几起事故导致日程延后。

　　2014 年 10 月，一艘维珍银河飞船在试飞过程中不幸在半空中解体，导致一名飞行员死亡。经调查认为，这起事故的原因是飞船重返大气层所需的缓降机翼在其主级火箭发动机仍在工作时意外展开。在重返大气层的过程中，机翼会产生很大的气动阻力，以此减缓飞行器的下降速度，但在动力飞行过程中，这种阻力会变得过大，以至于飞行器的结构无法承受。

现在亚轨道旅行计划似乎已经重回正轨。2019 年 2 月，一艘维珍飞船进行了首航，机上共搭载三名航天员——两名飞行员和一名乘客（满员为八名，包括六名乘客和两名飞行员）。

维珍银河公司的技术获得了总部位于加利福尼亚州的航空公司缩尺复合体公司（Scaled Composites）的许可，该公司开发了宇宙飞船的先驱者"太空船 1 号"，并赢得了 1000 万美元的安萨里 X 大奖（Ansari X Prize）。该奖发起了一场竞赛，竞赛者必须通过私人融资建造宇宙飞船，并且在短短两周内，两次发射载人宇宙飞船，将人类带到太空边缘，成功完成以上要求的公司或个人将最终获得这笔奖金。缩尺复合体公司于 2004 年 10 月 4 日进行了第二次飞行，并获得了该奖，这一天恰巧是"斯普特尼克 1 号"发射的 47 周年纪念日。

该奖项由伊朗裔美国企业家阿努什·安萨里（Anousheh Ansari）、阿米尔·安萨里（Amir Ansari）和 X 奖基金会共同资助，该基金会是通过良性竞争促进科技创新的非营利组织，受奥泰格奖（Orteig Prize）的启发创立而成。20 世纪初，酒店经营者雷蒙德·奥泰格（Raymond Orteig）设立了一笔 2.5 万美元的奖金，首次完成横跨大西洋不着陆飞行的人可以获得奖励。1927 年，奥泰格奖最终被美国飞行员查尔斯·林德伯格（Charles Lindbergh）收入囊中，他驾驶"圣路易精神号"（Spirit of St. Louis）单翼飞机，花了 33.5 个小时从纽约飞到巴黎，全程 5800 千米。

带我飞向月球

虽然维珍银河的飞船活动范围仅限于卡门线上方的狭窄区域，但其他私人航天组织都将目光投向了更远的地方。太空探索技术公司、蓝色起源和联合发射联盟公司（由航空航天制造商洛克希德·马丁公司和波音公司联合创办的航天发射企业）等公司正在建造和试飞能够到达轨道、月球，可能还有火星和更遥远的太空的航天器。

为了让人们顺利到达空间站，我们将与越来越多的私企合作，努力使太空旅行变得更容易、更经济。

——美国前总统奥巴马

太空探索技术公司尤其值得注意，它似乎在相对较短的时间内取得了惊人的进展。太空探索技术公司由技术专家兼商人埃隆·马斯克在 2002 年创建，其资金来源于他参与创立的在线支付供应商 PayPal 的收益。2008 年，太空探索技术公司的"猎鹰 1 号"液体燃料火箭进入地球轨道。2012 年，性能更强大的"猎鹰 9 号"发射了一艘飞船与国际空间站对接，这是私人航天公司首次执行空间站对接任务。太空探索技术公司也是第一家通过自动驾驶技术垂直回收一级火箭的公司，目的是重复使用一级火箭，将每次发射的成本降低到 5000 万美元（类似大小的一次性火箭的发射成本是其两倍）。

而在 2018 年，太空探索技术公司首次发布了重型猎鹰助推火箭，它还搭载了埃隆·马斯克的一辆私人红色特斯拉跑车作为宣传噱头，并将其送入环绕太阳的轨道，这也是私人航天公司的又一个首次。

太空探索技术公司目前正在使用"猎鹰 9 号"为国际空间站执行无人补给任务，2019 年 3 月用于载人航天的"天龙号"飞船成功试飞了，以便运送航天员往返空间站。2020 年 5 月首次发射。NASA 还表示，将允许国际空间站的私人航天员乘坐"天龙号"飞船前往空间站，费用为每天 35000 美元。

商业航天时间表	
发射日期	**任务描述**
1962 年	由美国电话电报公司和贝尔实验室等企业运营的第一颗商业卫星"电星 1 号"从卡纳维拉尔角发射升空
1982 年	"康内斯托加 1 号"是第一枚进入太空的私人火箭（私人拥有并运营），其有效载荷飞行高度达到了 309 千米
1990 年	由轨道科学公司（Orbital Sciences Corporation）运营的"飞马座号"火箭（Pegasus rocket）在空中发射，像巡航导弹一样脱离运载飞机后，将有效载荷送入近地轨道
2000 年	俄罗斯联盟"TM-30 号"飞船飞往"和平号"空间站，这是首次由私人资助的地球轨道空间站任务
2001 年	丹尼斯·蒂托成为第一个付费太空游客，他花费 2000 万美元在国际空间站短暂停留

（续表）

发射日期	任务描述
2004 年	"太空船 1 号"完成了私人航空公司的首次载人太空飞行。同年晚些时候，它在一周之内完成了两次这样的飞行，赢得了安萨里 X 奖
2008 年	太空探索技术公司"猎鹰 1 号"成为首枚私人投资的液体燃料火箭（因此能够改变发动机推力，使其适合人类旅行者），成功进入地球轨道
2015 年	美国前总统巴拉克·奥巴马将私人公司拥有可能从太空中回收的任何资源这一行为合法化
2018 年	太空探索技术公司重型猎鹰火箭进行了首航，该火箭由三个"猎鹰 9 号"绑在一起制成。这是有史以来性能第三强大的火箭，仅次于美国的"土星 5 号"和俄罗斯的"能源号"
2019 年	太空探索技术公司星际运输技术测试飞行器"星虫"（Starhopper）进行了一次受控飞行，高度达到 150 米，然后安全着陆

太空探索技术公司的下一项重要的航天计划叫"星舰"。它是一艘长 50 米的不锈钢火箭飞船，像是直接从科幻小说中出来的。它能够运载 100 位客人或相同重量的货物到地球轨道和太阳系的其他行星。另一架改装机将作为空中加油机，携带推进剂到达地球轨道，为飞船提供空中加油。所有的"星舰"改装机都

将搭载一种名为 Super Heavy 的超重型火箭从地球发射升空。这枚火箭绝对是一个庞然大物，在起飞时提供的推力预计是"阿波罗"计划里"土星 5 号"的两倍。

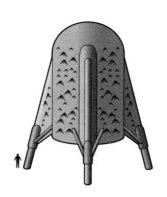

图 6-3　Super Heavy

而在其他星球，如月球和火星，表面重力要小得多，"星舰"可以不借助超重型火箭的帮助自行起飞。2019 年 8 月，一架名为"星虫"的试验机——酷似一个有三条着陆腿的大型金属水箱，飞上了 150 米的高空，盘旋后进行了受控着陆。自 2020 年初起，"星舰"两架完整的原型机都已开始建造。一旦投入使用，"星舰"将取代"猎鹰"系列火箭，成为太空探索技术公司进行太空发射的默认模式，不过考虑到该项目的规模巨大，这一目标的达成日期仍是奢望。埃隆·马斯克认为，每次太空发射的成本最终可能降至 200 万美元——只是当前价格的一小部分。

潜在旅客中已经有人对"星舰"产生了兴趣。日本亿万富翁前泽友作（Yusaku Maezawa）计划在 2023 年包机进行太空旅行，绕过月球背面再返回地球，也就是体验所谓的自由返回轨道（free-return trajectory），届时他将邀请多位艺术家一同前往体验。

这一名为"亲爱的月球"（dearMoon）的项目也许将成为自 1972 年以来首次超过近地轨道的载人太空飞行。埃隆·马斯克曾表示，他打算乘坐"星舰"前往火星，也许这个愿望 2025 年就会实现（不过这似乎太乐观了），而他的最终目标是在火星上建立殖民地。

太空公司

即使在地球轨道上设置了太空加油站，"星舰"在火星任务的返回途中仍然需要额外的燃料，因此人们希望通过原位资源利用技术（in situ resource production），在火星表面制造燃料。这就需要钻取火星地下水，将其与火星大气中的二氧化碳结合，生成液态氧和液态甲烷，作为"星舰"的燃料。

还有人提议从其他行星开采化学物质和矿物，并将它们带回地球。虽然 1967 年签署并生效的《外层空间条约》（*Outer Space Treaty*）禁止任何国家对任何天体拥有主权，但它对太空资源的回收和开发没有任何限制。

2015 年 11 月，美国前总统奥巴马签署了《商业太空发射竞争法案》（*Commercial Space Launch Competitiveness Act*），允许美国私营公司和公民对他们能够从太空中取回的任何无生命物质"宣称所有权"，并从中获利。

只有政府有能力为人类建造宇宙飞船吗？不，实际上，为 NASA 建造的每一艘飞船都要归功于私营公司。

——艾伦·斯特恩（Alan Stern）

这些私营公司和公民的目标可能包括贵金属，如金、银和铂，以及地球上稀有但太空中含量丰富的元素，如铱和铼，这些物质也许可以从小行星上开采获得。而火箭燃料则是另一种资源，就像在火星上钻取地下水一样，人们可以利用月球表面的水冰制造出火箭燃料，然后将其送入太空进行燃料补给。由于月球引力小，从月球发射比从地球发射成本要低很多。

月球采矿的主要候选物是氦 -3，它是氦的同位素，每个原子都从其原子核中去除了一个中子。据信，这种物质的沉积物被太阳风（从太阳中不断涌出的粒子流）埋在月球土壤中。氦 -3 可以作为未来核聚变反应堆的燃料，核聚变反应堆通过将原子结合成质量较大的新核来产生能量，就像太阳内部发生的核反应一样。许多潜在的聚变燃料会释放出致命的、难以控制的中子辐射，但氦 -3 并不会导致这种情况，这一优势使得它成为一种非常理想的商品，人类可以将其收取并带回地球。

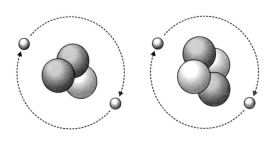

图 6-4 氦 -3

　　历史书已经向我们说明了这条社会规律：先驱者所到之处，各类产业似乎也会紧随其后。正如我们所见，随着人类对近地环境的利用活动逐步开展，商业也成为人类向太空扩张的驱动力。然而，就目前而言，太空旅馆、小行星采矿和私人资助的其他星球的游览，都还是未来的奇妙冒险。不过，人类为了前往某些不可思议的目的地，正在进行着某些不可思议的太空任务。这就是我们下一章要谈论的话题。

第 7 章

下一次飞跃，启程

我们将在 2024 年之前加快步履，重返月球，并在 2028 年前为人类在月球上建立可持续生存的基础。

——吉姆·布莱登斯汀（Jim Bridenstine）

NASA 前局长

对于太空爱好者来说，这是一个令人兴致盎然的时代。NASA 的"毅力号"漫游车只有一辆汽车大小，并配备了一架无人侦察直升机来进行空中勘察。它于 2021 年 2 月 19 日登陆火星，主要任务是搜寻火星远古生命的迹象。在接下来的十年里，还会有探测器从小行星上取回样本，并在木星的冰冷卫星上寻找海洋。而备受瞩目的詹姆斯·韦伯太空望远镜，也就是强大的哈勃望远镜的继任者，最终也将飞入太空。

然而，这些机器人即将面临激烈的竞争，因为在未来几年，载人太空探索事业也将取得激动人心的发展。

憧憬未来

这颗红色星球——火星，将继续成为下个十年太空探索的焦点。尽管火星在大小和距离上都不是与地球最相近的行星（这两方面当属金星），但火星是太阳系中特质与地球最相似的行星：它的表面由岩石构成，被透明的大气层包围着；其表面重力十分明显，比月表重力还要大，约为地球的三分之一；它也拥有天气系统、火山和液态水。看着火星表面的照片，我们不难想象它可能是在地球上某个干旱的沙漠中拍摄的。火星是一个迷人的世界，长久以来一直用它的秘密挑动着人类的好奇心和征服欲，尤其是当人类得知那里可能存在过生命，火星也就变得越发令人心驰神往，这也是 NASA 力求实现迄今为止最远大的目标——机器人着陆任务的原因。

我们将发射一系列太空任务，开始在火星上寻找生命。要达成这一目标，现在就是最佳时机。

——吉姆·格林博士（Dr.Jim Green）

NASA 首席科学家

"毅力号"是一个体形巨大的轮式漫游车，重达 1 吨，长约 3 米，大小约等于一辆小型汽车。该漫游车乘坐强大的"宇宙神 5 号"运载火箭从卡纳维拉尔角发射，发射时间为 2020 年 7 月 30 日。漫游车抵达火星的转移轨道需要 7 个月，于 2021 年 2 月 19 日在火星表面着陆。此次任务选择杰泽罗（Jezero）陨石坑作为着陆点，据信在 35 亿至 40 亿年前，那里曾是一处湖床，水中的沉积物曾经流经此处，可能藏有当时火星远古生命的化学特征，还可能保存着化石。

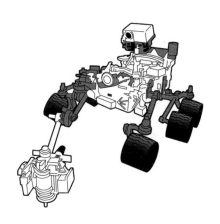

图 7-1　"毅力号"火星漫游车

在众多科学仪器中，漫游车装配了能够从火星表面提取岩芯的钻头。这些岩芯将留在火星表面的飞船里，由未来登陆火星的漫游车收集起来，然后将它们转移到运载工具上，再发射返回地球（尽管这项任务还未得到批准）。"毅力号"还将实地测试从火星大气中提取氧气的技术，如果人类想在火星上长期生存，这一技术是必不可少的。

"毅力号"将以 26000 千米 / 时的速度进入火星大气层，当着陆器进行空气动力制动时，防热罩将保护着陆器，将其外壳加热到 2100° C。火星上的大气层密度足够高，因此需要防热罩，但同时火星大气层也十分稀薄，单靠空气动力制动无法使着陆器完全减速。着陆器仍以 1400 千米 / 时的速度飞行，降落伞会随后展开，将着陆器进一步减速至 300 千米 / 时，紧接着一组制动发动机会点火启动。由于火星距离地球太远，地面控制人员无法远程指挥着陆器降落。因此，由雷达传感器指挥的软件将代替人类自动驾驶着陆器使其安全降落，在距离火星表面 20 米处，制动火箭发动机使着陆器接近悬停。从这个高度开始，吊车缓缓将漫游车放到火星表面，烟火装置切断了系绳，下降级与漫游车分离，向远处飞去并最终坠毁。想通过动力下降实现火星着陆是不可行的，因为这样会扬起火星表面的沙尘，可能会损坏漫游车配备的精密仪器。

　　这种看似结构复杂又不实用的着陆设备被称为"空中起重机"（sky crane），2012 年，"毅力号"的先驱"好奇号"探测器就是通过这种方式完美地实现了火星着陆。先前漫游车任务中使用的着陆系统是安全气囊，但它不足以承受质量和体积如此巨大的航天器的冲击。探测器从进入火星大气层、减速下降到安全着陆，整个过程大约需要 7 分钟，由于太过复杂危险，NASA 的工程师们甚至将其称为"恐怖 7 分钟"。

在岩石间行进

　　"毅力号"漫游车着陆之后就立即开始执行任务，最初计划任务将持续一个火星年（1.88 个地球年）。据推测，这也是"好奇号"的主要任务持续时间。在任务期间，"好奇号"预计每天大约行驶 200 米，检测它所经过的土壤和岩石。它配备了不少于 23 台相机，除了科学成果，还会向地球传回令人惊叹的图像。

　　着陆 60 天后，"毅力号"发送一架小型无人直升机，开启一个简短的试飞计划。这架直升机将不会进行任何实际的科学研究，它的任务纯粹是检测旋翼飞行器在地外星球的飞行情况，但它会携带两个相机。直升飞机航拍图像的分辨率远远高于从轨道返回的图像。试飞成功后，未来直升机作为太空探测器就可以为人类提供调查数据，为火星表面的漫游车导航，或者飞到悬崖峭壁等难以抵达的火星区域进行探测。这是人类首次在另一颗星球部署动力航天器。

图 7-2 "毅力号"小型无人直升机

这架直升机由锂电池供电，飞行期间通过机载太阳能电池板进行充电。漫游车本身由放射性同位素热电发电机（radioisotope thermoelectric generator，见第 8 章）提供电力，含有 4.8 千克的二氧化钚，这种核电池的使用寿命为 14 年。太阳能电池板无法满足体积如此巨大的漫游车及其设备的电力需求，而且很容易被火星灰尘覆盖，从而降低效率。

月球门户

2022 年，NASA 与欧洲航天局、俄罗斯航天局以及加拿大和日本太空机构合作，计划发射绕月载人空间站"月球门户"的第一个组件。该空间站将采用多模块设计，内部加压容积为 125 立方米，而国际空间站的内部加压容积为 915 立方米。月球门户空间站将包括动力系统和推进系统、四名航天员的生活设施、任务所需的科学设备以及宇宙飞船的对接口。该空间站将在椭圆轨道上运行，经过月球两极，为期 6 天，距离月球的最远距离为 70000 千米，最近距离为 3000 千米。该空间站是"阿尔忒弥斯"计划（Artemis programme，阿尔忒弥斯是希腊神话中阿波罗的孪生姐姐）的关键部分，该计划旨在把航天员带回月球表面。月球门户空间站将为此提供一个可重复使用的基地进行月球探测和研究，并将作为一个始发站，向更远的太空发送载人任务。

机器之神

我们还将在未来几年拜访火星的卫星。日本宇宙航空研究开发机构（JAXA）计划于 2024 年 9 月发射火星卫星探测任务的机器人探测器，目的是研究火星的两颗天然卫星——火卫一（Phobos）和火卫二（Deimos）。探测器将在火卫一着陆，收集 10 克土壤样本，随后再次起飞，对火卫二进行近天体探测飞行，然后将样本舱发射回地球，预计于 2029 年 7 月抵达地球。

采样返回任务现在十分流行。除了按计划收集和带回"毅力号"漫游车收集并储存的火星样本，还有其他采样返回项目已经在进行中。

此时此刻，NASA 的"冥王号"探测器（OSIRIS-REx）正在近地小行星贝努（101955 Bennu）的轨道上运行。在离开轨道之前，它将进行一次近距离的探测飞行，向下伸出它的机械臂，收集贝努表面样本，并于 2023 年 9 月带回地球。

而另一架小行星采样返回探测器——日本宇宙航空研究开发机构的"隼鸟 2 号"（Hayabusa2），已经携带着小行星龙宫（162173 Ryugu）的物质于 2020 年底回到了地球，其中包括小行星的表面土壤和内部挖掘出来的岩石。

与此同时，中国的"嫦娥 5 号"于 2020 年 11 月成功发射，从 2020 年 12 月开始前往月球并带回样本。中国准备在月球南极附近建立一个永久的科研站。

寻找和探索太阳系的生命迹象的活动仍在继续，引发科学家兴趣的不仅仅是火星。木星的三颗大型卫星——木卫四（Callisto）、木卫二（Europa）和木卫三（Ganymede），都有着冰冷的外表面，科学家们认为下面隐藏着液态水海洋，它们在木星引力场反复的挤压作用下被加热并维持着液态。这一说法自然引发人们猜测木星卫星有外星生物存活的可能性。

木星冰卫星探测器（Jupiter Icy Moons Explorer）会帮助我们更好地了解气态巨行星和围绕它们旋转的卫星的形成过程，以及这些行星孕育生命的潜力。

——阿尔瓦罗·希门尼斯·卡涅特

（Alvaro Giménez Canete）

欧洲航天局

为了进行调查，欧洲航天局将于 2022 年 6 月发射木星冰卫星探测器。探测器将于 2029 年 10 月抵达木星系统（Jovian System）并开始巡视，对木卫二和木卫四进行近天体探测飞行，最终进入木卫三轨道。它将使用探冰雷达来调查地下水的存在，并确定覆盖冰层的厚度。该任务可能会与 NASA 的木卫二快艇轨道飞行器（Europa Clipper orbiter）任务同时进行。这两架航天器将为未来在遥远的行星上执行的机器人着陆器任务奠定基础。

四面出击

NASA 计划向更远的太空进军，发射名为"蜻蜓号"（Dragonfly）的着陆器，去探测土星这颗环状气态巨行星最大的卫星——冰冷的土卫六。2005 年 1 月 14 日，当欧洲航天局的"惠更斯号"探测器在土卫六表面着陆时，土卫六成为有史以来首个被着陆器造访的（除地球外的）另一颗行星的卫星。"惠更斯号"是一个静止着陆器，在温度为 –180° C 的土卫六表面仅"存活"了 1.5 小时。相比之下，"蜻蜓号"是一架类似无人机的四轴飞行器，它由一个放射性同位素热电机装置提供动力，能够飞到 4 千米的高空。它将在土卫六的各个地点之间进行短途飞行，勘测土卫六丰富的碳基化学物质，科学家们认为这种物质也反映了地球早期的化学成分，因此该任务对人类了解地球最初孕育生命的过程可能具有启发意义。"蜻蜓号"预计将于 2026 年发射，2034 年抵达土星系统（Saturn system），在土卫六香格里拉丘地着陆。

想想看，这架旋翼飞行器在土星最大卫星的有机沙丘上飞行了数千米，探索了形成这一非凡环境的过程，这真是太了不起了。

——托马斯·泽布臣（Thomas Zurbuchen）

并非所有智能探测器到访过的太空物体都能被近距离地观测到。在即将开启的太空任务中，哈勃太空望远镜的继任者——詹姆斯·韦伯太空望远镜可谓是最受期待的任务执行者之一。

詹姆斯·韦伯太空望远镜

詹姆斯·韦伯太空望远镜是一架大型天基红外望远镜，于 2021 年 12 月 25 日发射升空，它将揭示恒星、行星甚至星系形成的秘密。红外天文学是一项强大的技术，因为红外线的波长比可见光长，它可以穿过由气体和尘埃组成的模糊云团，揭示宇宙的细节，否则这些细节无法被人们观察到。但是，它会被地球大气层吸收，因此红外线望远镜必须放置在太空中。韦伯望远镜将观测宇宙气体云，据信新的恒星与行星正在那里酝酿。在宇宙学中，由于宇宙的膨胀，光会发生红移，红外线将成为观察最遥远宇宙星体的最佳方法。詹姆斯·韦伯太空望远镜能观测到非常遥远的宇宙（并且能因此回溯时空，这是由于有限的光速所产生的时间延迟），它将采集宇宙中形成的第一个星系的图像。

詹姆斯·韦伯太空望远镜是经过专门设计，用来观测宇宙
中第一批恒星和星系的。

——约翰·格兰斯菲尔德（John Grunsfeld）

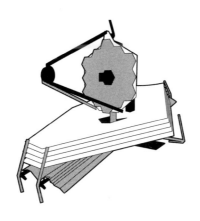

图 7-3　詹姆斯·韦伯太空望远镜

詹姆斯·韦伯太空望远镜以 20 世纪 60 年代负责监管"阿
波罗"计划的 NASA 局长的名字命名，它将被发射到日－地 L_2
拉格朗日点（见第 3 章）。在太阳光芒被地球遮蔽的这一点上，
韦伯望远镜将仔细地观测遥远的宇宙。该望远镜的主镜直径为 6.5
米，几乎是哈勃望远镜的三倍之长，因此被分割成几段，发射时

折叠起来，升空后再展开。

绕地球运行的哈勃望远镜的光学元件存在致命缺陷，需要接受一项载人维修任务。然而，詹姆斯·韦伯太空望远镜距离地球足足有 150 万千米，载人维修任务无法抵达，所以韦伯望远镜必须一次部署到位，压力很大。该任务将搭载欧洲航天局的"阿丽亚娜 5 号"火箭从地球发射，大约 30 天后在 L2 拉格朗日点就位。最初计划 5 年完成的科学任务，有可能延长到 10 年，主要的限制因素就是维持望远镜在 L2 拉格朗日点所需的燃料是否充足。

航天员的发射任务

让人类航天员重返月球是激动人心的壮举，而 NASA 此刻就在积极筹划这项任务。该计划名为"阿尔忒弥斯"计划预计于 2022 年春季进行首次无人飞行测试。这艘飞船被称为"猎户座"（Orion），它将在太空发射系统超重型运载火箭上发射。这次试飞是检验"猎户座"飞船的性能，试飞计划持续 25 天，其中包括 6 天绕月飞行。

未来十年的人类太空探索计划		
日期	任务／探测器名称	任务描述
2020 年	隼鸟 2 号	随着小行星龙宫的样本安全入舱，日本的"隼鸟 2 号"探测器将于 2020 年底返回地球
2021 年 2 月 19 日	毅力号	NASA 的下一辆火星漫游车将在火星北半球的杰泽罗陨石坑着陆，以调查火星的地质情况和过去的宜居性
2021 年 12 月 25 日	詹姆斯·韦伯太空望远镜	这架准备取代哈勃望远镜的太空望远镜装配了一面直径 6.5 米的反射镜，可以看到宇宙经历大爆炸 2 亿年之后的样子
2022 年	加甘扬（Gaganyaan）	印度空间研究组织（ISRO）的首次载人航天将是一项为期 7 天的绕地飞行任务
2021 年	天宫	中国将于 2021 年开始建设载人空间站，这是一个多模块地球轨道平台，类似国际空间站和"和平号"空间站

（续表）

日期	任务／探测器名称	任务描述
2022—2028 年	"阿尔忒弥斯"计划	NASA 的人类航天员重返月球计划将发射七次载人航天任务探访月球表面
2026 年	蜻蜓号	在 2034 年抵达土卫六后，这架四轴飞行器将花费 3 年时间从空中探索土星最大的卫星——土卫六
2028 年	火星卫星探测任务	火卫探测任务由日本宇宙航空研究开发机构操作，将于 2024 年发射，目的地是火卫一，目标是收集样本，并于 2028 年返回地球
2029 年	木星冰卫星探测器	欧洲航天局木星冰卫星探测器将于 2022 年发射，它将前往木星并研究其冰冻的卫星，科学家认为这些卫星表面下存在着液态水

如果试飞成功，"猎户座"飞船将在 2022 年 9 月搭载 4 名机组人员，沿着自由返回轨道（"8"字形）绕月球背面飞行，10 天后返回地球。另外，万众瞩目的"阿尔忒弥斯 3 号"目前计划于 2024 年飞离地球，它将尝试完成 50 多年来的首次载人登月任务。NASA 将与日本宇宙航空研究开发机构、欧洲航天局和加拿大太空总署（CSA）合作执行"阿尔忒弥斯"计划。在 2025 到 2028 年期间，"阿尔忒弥斯"探测任务还将 4 次发射进入太空，每次任务为期一个月，这些飞船会继续在月球表面进行人类科学活动，并开始建设月球门户空间站。NASA 目前的目标是在 2033 年将自己的航天员送上火星，因此从"阿尔忒弥斯"计划获得的经验将是至关重要的。

"阿尔忒弥斯"计划将与太空探索技术公司等相关公司在人类征服外太空的事业上展开较量。然而，其他国家也在尝试着探索宇宙。印度计划在 2022 年底前进行首次载人航天任务，它的"加甘扬"飞船将携带一名航天员进入地球轨道，并在那里停留一周。而已经成为航天大国的中国，预计在 2022 年前后建成中国空间站。这一成就必将巩固中国继美国和俄罗斯之后的世界第三大航天发射国的地位。

用我们自己的火箭运载第一位进入太空的印度人……这就是印度空间研究组织努力的目标。

——凯拉萨瓦迪沃·西万（Kailasavadivoo Sivan）

印度空间研究组织主席

自 20 世纪 60 年代的"阿波罗"计划以来，人类的航天事业将在未来十年进入最激动人心的时期。我们的确是幸运的，能够坐在头等观众席欣赏地球上最伟大的表演，而且航天事业繁荣发展的意义也远远不止于此。

第**8**章

小小太阳系

"地球，像所有母亲一样，也要把自己的孩子送上征途，这个日子已为期不远了。"

——亚瑟·查尔斯·克拉克
《2001：太空漫游》（*2001: A Space Odyssey*）

行星际空间将地球和太阳系中的其他行星分隔开来，要跨越这一巨大鸿沟是一次艰辛的跋涉。目前，从地球到环状气态巨行星土星需要 8 年时间，而到达太阳系的边缘则需要更长时间。

如此缓慢地在外太空移动不仅不方便，而且十分危险。对人类探险家来说，太空危机四伏，那里有致命的辐射和寒冷的真空环境，人类只能将命运交付于复杂的生命支持技术，这些技术必须长时间、不出差错地发挥作用，才能维持人类的生命。简而言之，你在太空停留的时间越久，就越有可能出现灾难性的、危及生命的技术失误。

太空旅行耗时过长的根本原因在于我们目前的火箭发射技术还不够先进。火箭的工作原理是燃烧，这是一种化学反应，通过可燃燃料与氧气结合燃烧释放出能量，推进燃料以极高的速度通过发动机的喷嘴，由此使火箭向相反的方向运动。但化学燃烧是一个相对低能的过程，这意味着火箭发动机必须消耗大量的燃料，而这些燃料本身必须全部随火箭一起被送上太空，因此火箭发动机的工作速率相当缓慢。

对我们而言幸运的是，在航天器推进系统方面，化学火箭远不会成为人类最终的选择。在未来的几十年里，我们可以期待由核能发动机驱动的飞船面世，而新型的离子发动机可以将人类的火星之旅从几个月缩短至几周。

为了缩短太空之旅的耗时，科学家们还提出了其他设想，比如"太阳帆"，它是一片类似锡箔的巨大反光板，可以让航天器利用太阳散发的光作为动力。另外，人类飞离地球和进入太空的方式甚至也将改变。例如，科学家兼作家亚瑟·查

图 8-1　太阳帆

尔斯·克拉克大力提倡"太空电梯"，这是一根悬挂在地球静止轨道平面上的缆绳，用来将有效载荷从地球表面吊到太空之中。

亚瑟·查尔斯·克拉克

亚瑟·查尔斯·克拉克于 1917 年 12 月 16 日出生在英国萨默塞特郡的迈因赫德。第二次世界大战期间，他为英国皇家空军研制雷达。1945 年，他在《无线世界》（*Wireless World*）杂志上发表的一篇论文中阐述了利用卫星进行全球通信需要遵循的原则。如今，地球静止卫星轨道有时仍被称为"克拉克轨道"。"二战"结束后，克拉克在伦敦国王学院获得了数学和物理学位。不久之后，克拉克成为英国星际协会[1]（British Interplanetary Society）的主席，并开始出版关于太空旅行的畅销书。他于 20 世纪 30 年代开始创作科幻小说，于 1948 年出版了他的第一部小说《抵御夜幕侵袭》（*Against the Fall of Night*）。克拉克把写作重点放在"硬"科幻小说上，这类故事基于可靠或至少是合理的科学概念创作而

---

1. 英国星际学会于 1933 年在英国利物浦创立，是世界上最早的太空倡导组织，以支持和促进航天探索。

成。克拉克最著名的作品是 1968 年出版的《2001：太空漫游》，而他 1979 年的小说《天堂的喷泉》（The Fountains of Paradise）推广了"太空电梯"的概念。克拉克因其卓越的文学贡献在 2000 年被授予爵位，于 2008 年 3 月 19 日在斯里兰卡科伦坡的家中去世。

核时代

早在太空计划的初期，人类就开始使用核技术为航天器提供动力。其实，美国曼哈顿计划（Manhattan Project）的科学家们在"二战"时就已经开始考虑将核技术应用到火箭上。20 世纪 50 年代初，新墨西哥州洛斯阿拉莫斯国家实验室（Los Alamos National Laboratory）启动了一项计划，名为"漫游者计划"（Project Rover），目的是为美国"宇宙神号"洲际弹道导弹开发一个上面级核动力发动机。然而，到了 50 年代后期，核发动机对"宇宙神"来说明显有些大材小用了。但与此同时，科学家们开始认识到核能对正在兴起的太空计划的重要性。1960 年 8 月，NASA 创立了航天核推进局（Space Nuclear Propulsion Office）。

其主要职能是监督漫游者计划的执行情况，而该计划现已更名为NERVA 项目（Nuclear Engine for Rocket Vehicle Application，火箭飞行器用核引擎的简称）。

　　NERVA 是一种核热火箭，意味着来自核反应的能量被用来直接加热火箭燃料，取代了化学燃烧产生的化学能。其基本理念是将氢泵入一个高温核反应堆，并加热到 2200° C 以上。在这个温度下，气体可以通过火箭喷管形成高速排气，排 7 千米 / 秒，以此推动航天器前进。

　　反应堆本身是根据核裂变原理运行的。与核电站使用的技术相同，它通过分裂大的重原子（在这里是铀）来释放能量。NERVA 的反应堆能够产生 1137 兆瓦的输出功率，足以同时烧开60 多万个电水壶。

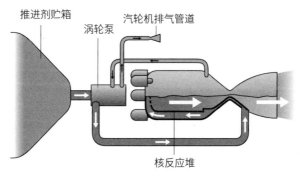

图 8-2　火箭飞行器用核引擎

1964 年 9 月 24 日，在该项目所在的内华达州 51 区试验场，一台 NERVA 发动机进行了首次满功率运转。在 20 世纪 60 年代，NERVA 的地面试验一直成功进行，甚至一度有人认为 NERVA 可以为"阿波罗"计划提供上面级发动机，但科学家仍认为，这项技术不太可能为达到肯尼迪总统十年内登上月球的目标而及时投入使用。

取而代之的是，NASA 选择保留 NERVA，为 20 世纪 70 年代后期可能发射的火星探测任务做准备，同时它也是为"旅行者号"探测器在太阳系外进行伟大航行提供动力的候选火箭。但是，这一切都成了泡影。1973 年 1 月，由于"阿波罗"计划耗资巨大，加上越南战争军费不断攀升，尼克松总统最终宣布取消这一项目。因此，NERVA 至今还未能遨游太空。

当我们向太阳系的深处进发，核动力推进也许能提供唯一切实可行的技术选择，它将帮助人类把触角伸到火星表面和更遥远的宇宙中去。

——桑尼·米切尔（Sonny Mitchell）

NASA

然而，核热火箭推进技术可能会东山再起。2019 年 8 月 20 日，在弗吉尼亚州尚蒂伊举行的美国国家太空委员会（National Space Council）会议上，NASA 局长吉姆·布里登斯汀呼吁复兴从前的 NERVA 技术。同年 5 月，美国众议院拨款委员会（House Appropriations Committee）批准向 NASA 拨款 1.25 亿美元，用于核热推进系统的研究。目前，一个位于亚拉巴马州亨茨维尔马歇尔空间中心的团队正在监督这项研究的进展，硬件生产合同已经授予了工业部门。

NASA 目前正在制定将核反应堆送入太空所需的安全协议。随着"阿尔忒弥斯"计划将航天员成功带回月球，月球门户也将成为人类飞往外太空的空中中转站，人们认为 NERVA 型发动机最快在 2024 年就有机会证明它们的价值。

电能驱动

核热火箭发动机大致就是用核反应堆加热推进剂，而非点燃化学燃料的火箭。除了核热推进系统，还可以利用反应堆产生的能量来驱动电力推进系统。我们已经了解离子发动机如何通过电加速离子来实现此目的。自 20 世纪 90 年代末以来，已经有超过六次装有离子发动机的太空任务发射进入宇宙，这使离子发动机成为一种经过充分试飞检验的推进技术。这些太空任务全部由太阳能驱动，它们将太阳光转化为电能，进而驱动发动机，但这同时也意味着这些航天器的活动范围仅限于太阳系内。

几十年来，人们心知肚明，用化学推进器支持太空旅行并非长久之计——这本质上就像乘坐马车探索美国西部，而没有选择蒸汽船或铁路。

——富兰克林·张·迪亚兹（Franklin Chang Diaz）

而有些探测器的目标是外太阳系，它们虽然无法汲取太阳的光和热，但也携带了它们自己的动力装备。例如，由传统化学火箭推进的"伽利略号"和"卡西尼号"智能探测器的目标是探索木星和土星，飞船携带了放射性同位素热电发电机，为通信系统和科学仪器提供动力。放射性同位素热电发电机的本质是利用小块的放射性物质，比如氧化钚。这种放射性会导致材料内部的原子自发分解，产生热量，然后转化为电能。但是放射性同位素热电发电机是一种非常原始的设备,它们所产生的能量是有限的。还有一个更令人满意的解决方案,就是让飞船携带一个全规格核反应堆,它可以给宇宙飞船提供足够的能量来操作其所有的基础设备,必要时还可以提供电力推进系统,而且几乎没有空间限制。

在未来的几年里,核电推进可能会真正迎来它的时代,这要得益于一种名为 VASIMR 的新型电力推进器。VASIMR 是可变比冲磁等离子体火箭(Variable Specific Impulse Magnetoplasma Rocket)的简称。正如我们在第 2 章中看到的,"比冲量"代表火箭每单位时间燃烧单位质量的燃料所能提供的推力。因此,比冲量越高,发动机的效率就越高。由于技术原因,比冲量以秒为单位进行测量。航天飞机的主发动机(燃烧液氧和液氢的化学火箭)的比冲量大约是 450 秒,通过将排气速度加至 4000 米 / 秒以上来实现。离子发动机可以显著改善这一点,它可以将比冲量提高到 3000 秒左右,将排气速度提至 50000 米 / 秒。但 VASIMR 有可能突破这个规模。它的比冲量可达 12000 秒,排气速度可达到惊人的 120000 米 / 秒。

传统的离子发动机是通过撞击原子中的电子来产生离子的,使原子带电,以便它们被电场加速。比冲磁等离子体火箭的原理则不同，它利用无线电波将低温气体转化为等离子体，这是一种由离子组成的过热气体，温度超过 $1 \times 10^{6\circ}$ C。然后，由零电阻的超导线[2]制成的强大电磁铁（目的是最大限度地提高效率）将等离子体限制并汇集引导至排气流中，有效地充当着"电磁火箭喷管"。

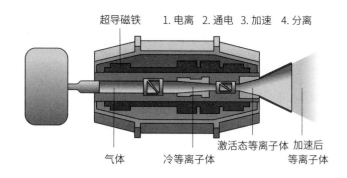

图 8-3　可变比冲磁等离子体火箭

　　VASIMR 最初是为了制造用于核聚变的高温等离子体而开发的。核聚变通过焊接较轻的原子来释放能量，进而产生核能，它

---

2. 超导线是指利用在超低温下出现失阻现象（超导状态）的某些金属及其合金作为导体的电力电缆。

是灼热的太阳核和其他恒星中心的能量来源，但核聚变需要高温才能发生，VASIMR 因此找到了用武之地。目前，总部位于得克萨斯州的艾德·阿斯特拉火箭公司（Ad Astra Rocket Company）正将这项技术应用于太空飞行，该公司由 NASA 前航天员富兰克林·张·迪亚兹运营。2008 年，该公司成功地对一台 200 千瓦的 VASIMR 发动机进行了地面测试。2015 年，该公司获得了 NASA 一笔 900 万美元的拨款，期限是三年，用于开发可能进行的飞行测试的概念。

和离子发动机一样，VASIMR 是一种"太空中"推进技术，一旦航天器脱离地球引力，就是它派上用场的时候。但是离子发动机有固定的比冲量，而 VASIMR 的比冲量可以调节，它允许发动机进行有效"换挡"，在推力和效率之间进行权衡，然后根据情况需要重新调整。在外太空，高效率低推力的配置效果最好，VASIMR 发动机逐渐加速，通过长时间（数周或数月）连续发射积累 $\triangle v$ 值，而行星附近的引力场更强，这时低比冲高推力的配置（更类似化学火箭）可能效果更好。

前往火星可以应用化学推进技术，但这真的太难了。人类现在掌握了核动力推进技术，探索月球以外的深空要比从前方便得多。

——比尔·埃姆里奇（Bill Emrich）

NASA

在外太空星际任务和往返地月的货物运输任务中，VASIMR推进技术可能会找到用武之地。甚至还有人提议，人类可以借助这项技术，让可能对地球构成撞击威胁的小行星偏离轨道，方法是将VASIMR发动机安装在小行星上，然后逐渐将其推到新的轨道上。

披光航行

而另一个引发公众兴趣的推进器概念是推力小、作用时间长的太阳帆。就如同一艘帆船借着风在海面上航行一样，太阳帆航天器装配有一片巨大的反射材料，这样一来，它就能借助太阳光穿梭整个太阳系。

这种推进方式依赖于物理学中一个叫作"光压"的概念。19世纪60年代，苏格兰物理学家詹姆斯·克拉克·麦克斯韦（James Clerk Maxwell）发表了他的电磁场统一理论。该理论预测：光作为电磁辐射的一种形式，可以产生一种压力，就像气体一样，能够对固体施加力。1899 年，俄国物理学家彼得·列别捷夫（Pyotr Lebedev）首次进行了光压实验示范，使用一种名为扭秤的精密测量仪器记录了光压所产生的微小的力。

矛盾的是，光压可能最容易通过现代科学中一个更难以理解的理论来形象化，那就是量子力学。该理论描述了物质的基本粒子以及它们之间的相互作用。这种相互作用会导致一些奇怪的结果，波粒二象性[3]就是其中之一。也就是说，传统上被认为是粒子的物体（如质子和电子）也可以显示出波动性，相反，我们通常认为呈现出波状的实体（如光束）也可以呈现固体粒子流的形态。从这个角度看，照射在太阳帆上的阳光就像一股倾泻而下的粒子流，每颗粒子都会产生微小的冲力，推动着太阳帆前进。

历史正在书写，"光帆 2 号"将从根本上推动航天技术的发展。

——比尔·奈（BILL NYE）

美国行星协会首席执行官

---

3. 电磁波（包括光）和粒子在运动或传播时所显示出的波动性和粒子性的双重性质。

　　粒子流产生的加速度虽然很小，但很快就会累积起来。一艘直径几百米的太阳帆可以在三年内达到24万千米/时的速度。装配了这种太阳帆的航天器从地球到达冥王星最多只需五年。相比之下，NASA的"新地平线号"探测器作为有史以来地球发射的起始速度最快的航天器，即使通过化学火箭和引力辅助的结合，仍然花了9.5年的时间才抵达冰冷的冥王星。

　　2001年到2005年间，真正的太阳帆在地球的真空室里进行了测试并得到了验证。它的首飞在2010年，日本宇宙航空研究开发机构的"伊卡洛斯号"（Ikaros）飞船证明了太阳帆在星际空间的可行性，在六个月的时间里，他们的太阳帆原型机获得了100米/秒的 $\triangle v$ 值（火箭发动机产生的速度总增量，见第2章）。最近，太空探索技术公司的重型"猎鹰号"火箭将"光帆2号"送入了地球轨道。控制人员能够通过操纵太阳帆，根据太阳光线提高或降低飞船运行轨道的高度（轨道修正）。

太空电梯

现在，请在脑海中想象一根缆绳，它从地球表面一直延伸到太空之上，可以将有效载荷从地面运送至地球轨道。这就是太空电梯，一位富有远见的俄国航天科学家康斯坦丁·齐奥尔科夫斯基在 19 世纪末提出了这个新奇的概念。虽然听起来有点像印度的通天魔术[4]，然而事实上，这根缆绳是在围绕赤道的地球静止轨道上运行的。它一直延伸至地面，并被固定在地球表面，其顶部有一个巨大的平衡物，以确保它的重心在地面高度为 35786 千米的地球静止轨道上绕地球旋转。从某种意义上说，支撑着整个结构的是旋转平衡物产生的向心力。那么人类为什么直到今日还没有造出太空电梯呢？问题就在于缆绳太重了，无法承受自身的重量。即使是由人类现有最坚固、最轻的材料——碳纳米管制成的缆绳，一旦长度超过 10200 千米，它就会断裂。

---

4. 印度通天绳是一种奇幻的魔术技艺，参与表演的男孩爬上绳子，最终在顶端消失得无影无踪。

人们不再嘲笑太空电梯这个设想的 50 年后,太空电梯将要建成了。

——亚瑟·查理斯·克拉克

　　这样一来，太阳帆才能向太阳的方向飞。因为地球位于太阳轨道上，所以任何从地球上发射的火箭都会驶入类似的轨道。由于太阳帆的侧缘朝向太阳，航天器不会受到阳光的推力，因此能够在太阳轨道上保持匀速运行。但当太阳帆向前倾斜时，阳光就会照射到它的正面，使它减速，同时还会提高它的轨道高度，使其逐渐螺旋式上升。同样的道理，当太阳帆向后倾斜，阳光照射到它的背面，使它加速，同时还会使它的运行轨道变宽，并帮助飞船驶向外太阳系。为了最大限度地利用来自太阳的推力，太阳帆由高度反光材料制成，通常是一层薄薄的塑料薄膜，如聚酯薄膜或聚酰亚胺，上面涂有一层铝。

　　太阳帆由宇宙中速度最快的东西驱动，那就是光。搭载一艘太阳帆就像搭载了一枚能喷出物理定律范围内最快排气量的火箭。也就是说，太阳帆在长时间的飞行中逐渐加速，最终会达到极高的速度，数值非常接近光速，这就是太阳帆最终可以成为人类飞到太阳系边缘的技术的原因之一，其他原因我们下一章再详述。

第**9**章

绮丽太空，无处可比

　　一开始，你需要住在一个圆顶建筑物里，但随着时间的流逝，你可以把火星改造成地球的样子，最终你可以不带任何东西在外面走动，所以火星是一颗有待人类修复改造的行星。

——埃隆·马斯克

自 1998 年以来，国际空间站一直在我们的头顶围绕着地球运行，从那里，我们可以窥见人类探索太空的最终走向。随着人类越来越善于克服太空旅行带来的挑战，我们可以期待在距地球越来越远的地方建造空间站。在第 7 章中，我们探讨了 NASA 在月球轨道建立空间站的月球门户计划，该计划最快将 21 世纪 20 年代末成形。在月球表面建立载人基地的计划也在进行中，或许在 21 世纪 30 年代和 40 年代，人类还会在火星等其他行星上建立载人基地。在火星建立永久性基地将使人类的太空探索和科研事业达到迄今为止不可能达到的规模。

在国际空间站上，航天员大约每六个月轮换一次，以尽量减少太空生活对人体生理和心理的损害。但是，随着空间站和载人基地在太阳系越来越遥远的角落建成，来自地球的探访势必会变得越来越少。这些太空偏远地区的设施将不再只是前哨站，而是更类似于人类在太空的定居地和殖民地，也是人类先驱者创造的自给自足的宇宙社区，他们从地球上奔袭而来，在这片被称为"高边疆"的太空中建立了一处新的家园，甚至可能是一个新的国家或政治领地。

目前人类已经设立了在月球和火星上建造载人基地的计划，其中包括利用化学处理工厂，从水沉积物和大气气体中制造氧气和火箭燃料。人类还可以在太空中进一步使用这种"应用化学"的方法，那就是一种被称为"地球化"的设想，让定居者设计另一个星球的环境，使其更像地球。还有一些人则设想着人类生活在行星际空间深处旋转着的巨大栖息地上，该栖息地被称为奥尼尔殖民地。

然而，太空生活也带来了一系列需要克服的新问题。在航天员短暂停留在国际空间站的这段时间里，如何满足他们的基本生活需求已经成为一系列难题，其中一些已经找到了巧妙的解决方案，但还有一些问题仍处于研究探索中。

我们必须在太空中再创造出一个类地栖息地，它要像地球上最动人的地方一样美丽。我们一定能做到。

——杰拉德·K.奥尼尔（Gerard K. O'Neill）

《高边疆》（*The High Frontier*）

在太空中维持生活

正如我们在第 4 章中所讲，太空中可呼吸的空气是在空间站上通过电流将水电解成氢气和氧气而制成的，而除了空气，饮品可能就是太空旅行者其次需要的东西。水的质量很大，1 立方米重 1 吨，因此从地球表面无休止地输送水资源补给到国际空间站是不可行的。仅就饮用水而言，一个每人每天根据建议消耗 2 升水的 6 人机组，每年将消耗近 4.5 吨的水。

目前，国际空间站和其他所有永久使用的太空栖息地都运用了闭环净化系统，用以回收航天员使用过的约 93% 的水，其中包括洗涤用水、空气中的水分，当然还有尿液。水通过蒸馏过程从尿液中被回收，该过程将水与在不同温度下沸腾的其他化学物质分离。水还会被离心机分离出气体。用蒸馏法回收的水会与其他废水混合在一起。所有这些水都要经过处理器以去除固体污染物，然后再通过附加的过滤和化学处理阶段消除水中的毒素和微生物。最后，对水的纯度进行通电测试，将未达合格标准的水倒回原处并重新处理。听起来可能有些令人不适，但实际上国际空间站的饮用水比大多数家用水龙头流出的饮用水更纯净。

当你需要"释放"时

在所有的生活必需品中，在没有地心引力帮助的情况下使用太空马桶是太空生活中更有趣的方面之一。现代的零重力马桶利用风扇的气流来引导排泄物的流动。粪便会被弄干并压缩，以便以后处理。而尿液会进入净化系统进行循环利用，至少在水资源稀缺的空间站上是如此。太空中没有重力，这意味着航天员需要戴橡胶手套来帮助清理人体的固体排泄物。零重力环境也消除了人体很大一部分排泄的生理冲动，这意味着航天员可能需要安排他们的排泄时间，以避免发生意外。即便如此，太空排泄系统也不是完全可靠的，飘浮的球状尿液和少量的粪便确实有可能飘到航天员区域。即使是在月球和火星上，你也无法获得完整的地球排泄体验。火星的重力大约是地球的三分之一，而在月球上，自然状态下的重力只有地球的六分之一。

现在，在太空大小便是一个漫长的过程，完成这个过程需要风扇、太空马桶瞄准系统和大量的祈祷。

——玛丽·罗宾奈特·科瓦尔（Mary Robinette Kowal）

1961年，尤里·加加林在他历史性的绕地飞行中食用了一管又一管的泥状食物，而如今国际空间站的烹饪体验与从前相比大有提升。今天，所有食物都装在真空密封袋里被送上国际空间站，并在空间站的厨房里加热。饮品以粉末形式运输，然后再对其进行水化。航天员们偶尔能够享用到新鲜的水果和蔬菜，这是鼓舞士气的食物，不过必须在它们变质之前迅速吃完。

图 9-1　航天员的食物

在微重力环境下，绝对禁止出现食物碎屑，因为它们会随处飘浮，可能会污染仪器和设备。因此，面包、蛋糕和其他易产生碎屑的食品通常都不在菜单上。零重力环境容易导致脑部充血，继而影响嗅觉和味觉。因此，味道浓烈的食物往往很受航天员的欢迎。这种影响使一些食物在太空中尝起来和闻起来的味道与在地球上完全不同。20 世纪 70 年代，美国太空实验室的航天员曾计划将奶油雪利酒带上太空，但后来发现，雪利酒在零重力环境下的香味会引发呕吐反应，于是被迫放弃了该计划。

不与亲友爱人往来，没有新鲜的空气，没有地心引力，等等，这样的一年是无比漫长的一年。

——斯科特·凯利　美国航天员

良好的健康状况

就目前来说，出于安全考虑，一般情况下航天员被禁止在太空饮酒。不过，历史上也出现过几次著名的例外。1969 年，在"阿波罗 11 号"登月任务期间，巴兹·奥尔德林在"鹰号"登月舱里饮着酒举行了圣餐仪式。20 世纪 90 年代，俄罗斯航天员将伏特加、白兰地和其他烈酒偷运到"和平号"空间站，航天员自由饮用这些酒水，而这让到访空间站的美国航天员十分恼怒，因为他们仍在禁酒。如果你真的想要在太空饮酒，烈酒和不起泡的葡萄酒是你的首选，啤酒和其他碳酸饮料根本不适合带上太空。在失重状态下，气体和液体无法像在地球上那样在胃里分离开来，这就意味着在太空打嗝会变成一种类似呕吐的体验，也就是所谓的"湿嗝"。

但即使你戒了啤酒，在太空中反胃仍旧是个大问题，超过 60% 的太空旅行者在飞离地球后会出现晕动病[1]的症状。幸运的是，这种太空病通常只会持续一两天，因此对于生活在零重力环境中的人来说应该不会是长期的问题。

---

1. 由摇摆、颠簸、旋转、加速运动等因素，致内耳前庭平衡感受器受到过度运动刺激，而出现的出冷汗、恶心、呕吐、头晕等症状。

人类若想在太空殖民地生存，最终需要自给自足，自己生产食物。国际空间站上的太空蔬菜种植系统（Vegetable Production System）等实验已经证明，在微重力条件下种植蔬菜并非不可能。如果这些作物能够在太空中生长，那么再有适当的营养供给和大气成分，它们也应该能在其他行星上生长。至少在一开始，太空殖民者需要接受全素饮食，因为肉类和其他动物性食品对生产资源的需求太大。

例如，研究表明，火星的土壤中已经含有许多种植蔬菜所需的营养物质，而且火星大气中 95% 是二氧化碳，植物需要二氧化碳来完成光合作用，从而产生能量。而现在的问题就在于火星极端寒冷的环境，这意味着火星作物需要在类似加热温室的模块中种植。

然而，即使你很注意给自己补充营养，在太空中保持良好的身体状况也绝不是件容易的事。人类经过漫长的进化，已经习惯了在地心引力的作用下繁殖与生长，但如果我们想去太空或其他重力与地球不同的星球生活，那么就需要明确这对人类健康的种种影响。

保持凉爽

失去了大气层的保护，近地空间的温度变化非常大，范围从阳面的 120°C 到阴面的 −160°C。因此在国际空间站上，需要一些相当重型的热能工程[2]设备来维持航天员生活和工作的舒适环境。

在地球上，热量通过大气以传导和对流的方式扩散。但在真空中，热量扩散就只有一种形式：辐射。也就是说，你用来隔热阁楼的蓬松纤维层在太空起不到多大作用。相反，反射银板是防止热量进入或流失的最佳方法。正因如此，国际空间站上覆盖着镀铝的聚酯薄膜。

由于所有的电子设备都会产生热量，因此如何保持国际空间站的凉爽是人类主要的挑战。水在空间站周围循环，通过一种类似于逆向集中供暖散热器的装置——换热器，将航天员区域的热量吸收并排放到太空中。

2. 有关热能生产、转换、交换和传送的工程。

2015 年，NASA 进行了一项独特而有趣的实验。他们将航天员斯科特·凯利送入太空，让他在国际空间站进行为期一年的马拉松式生活，而他的孪生兄弟马克则留在了地球上。兄弟两人在飞行前后都接受了一系列体检。斯科特返回地球后，科学家发现他的身体发生了诸多变化，其中包括基因改变（可能由太空辐射引起）和认知能力的轻微下降。然而，随着时间的推移，斯科特重新适应了地球上的生活，大部分变化最终都恢复了。

其他研究也强调过太空环境对航天员心理健康的影响。将人类送上太空成本高，难度大，这自然意味着航天员一旦到了太空就要努力工作，再加上娱乐选择有限，且必须和同一群人在密闭空间里生活和工作长达数周、数月甚至数年，因而可能会对人的身心健康造成危害。

据报道，1973 年，在经过 40 天严苛的日程安排和几乎没有喘息时间的连轴工作后，美国天空实验室空间站上的航天员举行了罢工，拒绝与地面指挥中心沟通。20 世纪 70 年代，苏联的几次太空任务都因航天员之间的人际关系问题而难以顺利进行。1976 年"联盟 21 号"的飞行甚至被中断，后续调查得出结论，中断原因是航天员在飞行期间经历了与压力相关的幻觉。

NASA 对航天员候选人进行了长达数小时的心理筛查，而那些已经在国际空间站上执行任务的航天员则需要每两周接受一次地面医学专家的精神评估。空间站还提供抗抑郁药物、抗精神病药物和抗焦虑药物，甚至配有必要时对机组人员进行身体约束的设施。

如果你把两个人关在一间 5.5 米乘 6 米的小屋里，让他们在一起 d 待两个月，那么谋杀的所有必要条件都满足了。

——瓦列里·柳明（Valery Ryumin）

虽然我们大多数人可能都认为航天员具有强大、坚韧、外向的性格，但有研究表明，适合前往火星或更远的太空执行长途飞行任务的航天员实际上可能更内向。那些对社会刺激的需求减少、喜欢独处的人，可能在心理上更加稳定，也能更好地应对离家数十亿千米以外的孤独生活。

空中岛屿

长期暴露在失重环境下对人体的最大影响是骨骼肌系统的

变化。在太空中，没有引力把你的身体质量转化为重量，肌肉很快就会张力变弱并萎缩，骨头也会变得疏松和脆弱。在短短两周内，航天员的肌肉质量就会减少 20%。这其中也包括心肌，而心肌质量减少会导致航天员在返航途中出现血液循环问题。在太空中每过一个月，航天员就会流失大约 1.5% 的骨骼质量。而解决以上两个问题的办法，就是让航天员在太空中定期锻炼。注意，不只是简单运动 5 分钟，国际空间站上的航天员每天都要用跑步机、举重机和健身自行车锻炼 2 个小时，并使用弹力绳来模拟重力作用。

为了对抗载人深空飞行和太空殖民地对航天员造成的身体退化问题，科学家们提出了一种方法，那就是使宇宙飞船或空间站旋转来模拟重力。就像向心力把衣服附着在洗衣机滚筒上一样，在旋转的宇宙飞船中，航天员也会感受到一种力将他们固定在飞船内部。如果旋转速度设定恰当，这个力就可以和地球表面的重

图 9-2　奥尼尔圆筒

力相等。

　　20 世纪 70 年代，美国物理学家杰拉德·奥尼尔曾做出这样一种设想，人类将在旋转的圆筒内部居住，这些圆筒由从月球、小行星和其他行星上开采的建筑原料制成，可以通过旋转提供人造重力。每个圆筒直径为 8 千米，长度约 30 千米。圆筒表面将由六个面积相等的条状区组成，由此延伸了圆筒的长度，其中三个是陆地区，另外三个交替放置在陆地区之间，充当着巨大的窗户以便阳光进入圆筒。该圆筒可以每两分钟旋转一周，在内部模拟地心引力。

　　陆地区将是真正意义上的实际的土地，而非科幻小说中的飞船，居民可以在土地上种植树木和作物，甚至可以饲养牲畜。这样一来，太空殖民地就可以获得一定程度的独立，只需要从地球运送最少的物资。陆地区还允许居民"户外"行走，逃离传统太空栖息地的禁锢和由此造成的"幽居病"[3]，这种病症对航天员的心理健康十分有害。事实上，奥尼尔认为他设计的人造太

---

3. 指人被孤立或关在一个小空间里长时间无事可做时产生的幽闭恐惧症反应。

空栖息地不仅仅能够和地球媲美，用他自己的话来说，他的太空圆筒甚至"更舒适、更多产、更具魅力"。他相信，20世纪70年代的技术就足以支撑建造这样的栖息地，更不用说技术发达的现在了。

在奥尼尔的构想中，圆筒将被发射至 L_5 拉格朗日点并围绕太阳旋转（见第3章），它与太阳的距离和地球与太阳的距离相同，但在其轨道上与地球呈60度角。奥尼尔圆筒由成对的圆柱体连接在一起，向相反方向旋转，以抵消角动量。每对圆柱体的旋转轴指向太阳，每块条状窗户后面都装配了一面大型曲面镜来反射太阳光。圆筒内部充满了氧氮大气，气压约是地球海平面气压的一半。根据奥尼尔的计算，这足以阻挡有害的宇宙辐射，同时也维持了圆筒内的天气。条状窗户由许多单独的玻璃板制成，这样一来，如果其中任何一块被流星体或太空碎片撞击并刺穿，就可以更换另一块，从而避免了圆筒减压的风险。

如果你不喜欢飞机上的食物，你可能也吃不惯空间站的食物。我是不会为了食物飞上太空的。

——克里斯·哈德菲尔德（Chris Hadfield）

在 2019 年的一场新闻发布会上，私人太空发射公司蓝色起源和亚马逊的创始人杰夫·贝佐斯（Jeff Bezos）宣布他支持奥尼尔圆筒的概念，他认为人类应该以这种方式实现太空殖民，而不是在其他行星定居。他的观点很有道理。圆筒内部的重力和天气情况都可以通过人为控制，人类殖民者不需要强行与外星球的自然文明搏斗，也不需要应对其他地质难题，比如地震或火山活动。

地球化

在遥远的未来，可能还有另一种更加激进的可能性在等待着人类，那就是地球化，外星球定居也因此变得更具吸引力。地球化指的是改变整个殖民星球荒芜的环境，使其像地球一样。从字面上看，就是要建造人类除地球以外的另一个家园。在地球化的行星上，殖民者不需要航天服，也不需要封闭的栖息地来居住和种植食物，因为他们能够设计自己的行星生物圈。

地球化这个概念，是由卡尔·萨根 1961 年在《科学》期刊上发表的一篇文章中提出的，科幻作家们甚至在更早的时候就已经探索过这个概念。萨根最初的想法是在金星的大气中添加藻类，试图为有机化学的发展播下种子。还有人提议发射太空太阳伞到金星和太阳之间的轨道上，为金星遮挡太阳的热量，使金星大气降温。然而，由于金星距离太阳较近，加之受到失控温室效应的控制，导致其表面出现极端温度和巨大的大气压强，因此将金星地球化似乎是一项巨大的工程。

图9-3 卡尔·萨根的"地球化"设想

科学家们发现，火星也许是更合适的地球化目标。有证据表明，数十亿年前，火星很可能有温暖潮湿的气候，能够维持生命。在太阳系的所有行星中，火星目前可能与地球最为相似。二者的主要区别在于大气层、表面温度和磁场。与地球上的氧氮大气层相比，火星大气层非常稀薄，主要由二氧化碳组成，其表面平均温度在 –60℃左右，没有明显的磁场。地球的磁场起到了阻挡宇宙辐射的作用，尤其是使太阳风偏转。太阳风是一种带电粒子流，它们不断地从太阳中喷发出来，很可能就是侵蚀和剥离火星大气的一个因素。

而任何行星地球化计划都需要消除这些差异。一种方案是在火星上引发温室效应，就像地球上的温室效应一样，大气层从太阳中捕获的热量多于地球所散发的热量。除此之外，地球的温室效应是一场即将降临的灾难，地球因此变得温暖而危险，而且还可能产生类似金星气候失控的风险，但是在火星上，温室效应能使火星冰层融化，使其适于人类居住，可谓是一件好事。一旦火星开始变暖，火星两极冰冻的水和二氧化碳就会融化，从而加剧温室效应，使大气层进一步升温。

引发火星温室效应的一种方案可能是将强大的温室气体运送到火星并将它们排放到火星大气中，如六氟化硫，它作为温室气体效力比二氧化碳强近 24000 倍。然而，该方案需要数十万吨六氟化硫，我们需要在地球上制造出来，并载着它们一路飞到火星上去。还有人提出了另一种化学物质，那就是氨。氨也是一种具有强温室效应的温室气体，其大量存在于在外太阳系环行的冰冷小行星。还有另一种方案可能启动火星的温室效应，那就是通过安装一个超高效的电火箭发动机改变其中一颗小行星的运行轨道，使其与火星发生碰撞。

但如果这颗行星没有磁场来帮助保持新的大气层，一切都将功亏一篑。有人提出，超导电磁铁网络可以在火星周围产生一个大到足以保护其大气层的人工磁场。电磁铁是通有电流的导线圈，由于电和磁是同一事物的不同方面，当电流通过导线时，导线圈的核心就会产生磁场。用超导材料制成导线大大增加了允许通过的电流大小，从而增强了磁场的强度。

一旦人类成为多星球物种，我们在长寿和繁荣的道路上将迈出巨大的一步。

——大卫·格林斯彭（David Grinspoon）

宇宙钢铁侠

俄罗斯航天员瓦莱里·波利亚科夫(Valeri Polyakov)在1994年1月8日至1995年3月22日期间，在环绕地球运行的"和平号"空间站上总共停留了437天，创下了连续在宇宙停留时间最长的纪录。波利亚科夫是一名宇宙医学专家，1972年，他被选为航天员，但直到 1988 年才进行了首次太空飞行。他自愿参加"和平号"空间站的马拉松式驻留，以评估长时间太空飞行对人体的影响。试验发现，受到最大影响的是波利亚科夫的精神健康和情绪状况，而他的身体状况则非常好，没有出现长期的副作用。在失重状态下停留了 15 个月之后，他的身体机能仍旧相当不错，甚至还特意在着陆后自行从返回舱里走出来，而大多数返航的航天员都是由地面人员运送出舱。波利亚科夫曾经保持着在太空停留时间最长的纪录。而现在，这一荣誉属于他的同事——航天员根纳季·帕达尔卡（Gennady Padalka），他在 6 次任务中总共积累了 879 天的太空停留时间。

2017 年，NASA 行星科学部门主任吉姆·格林提出了实现火星温室效应的另一种选择。他建议在火星和太阳之间的 L_1 拉格朗日点（参见第 3 章）放置一个类似的磁场发生器，这样可以使火星周围的太阳风发生偏转。格林将防护盾设想为一个小型充气太空结构。计算机模拟结果表明，该计划可以奏效，防护盾将保护火星免受太阳风中的冰雹颗粒的侵害，并使火星保留足够厚的大气层，使其平均温度增加约 4°C，足以使火星极地冰冠开始融化。

行星地球化以及人类对其他星球的殖民已经引发了伦理问题。这种行为与第一批到达澳大利亚或美洲的欧洲移民不可避免地有相似之处。但我们仍然要怀有希冀，当地球化在技术上可行时，人类将吸取地球上的教训，尊重外星土著生命。只有当我们完全确定外星球是无生命的、荒芜的，且可供人类居住时，才能着手开拓、殖民或地球化外星球，并将其划归为我们自己的家园。

第10章

如何抵达群星

在浩瀚的宇宙中，恒星就是其他的太阳。

——卡尔·萨根

《宇宙》（COSMOS）

2012 年，"旅行者 1 号"成为第一艘从地球驶入太阳系边缘的航天器。它于 1977 年发射升空，飞越了木星和土星，然后利用引力弹弓加速到另一轨道上，朝太阳系之外飞去。2012 年 8 月，在距离太阳 180 亿千米的地方，探测器的任务控制器向地球报告，探测器已正式穿过日球层顶。日球层顶是太阳风与构成星际介质的星云状气体碰撞形成的边界，它标志着太阳系的外层边缘和星际空间的起始边界。

2019 年 11 月，"旅行者 1 号"的姊妹探测器"旅行者 2 号"也进入领域。"旅行者号"是人类打造的精英太空舰队的一部分，舰队由五艘宇宙探测器组成，其他三艘分别是先驱者——"先驱者 10 号"和"先驱者 11 号"，以及 2015 年飞掠冥王星的"新地平线号"探测器，它们都达到了逃离太阳引力场的必要速度。

"旅行者 1 号"离开太阳系时，它与太阳的距离是地球的 121 倍，但与它和银河系中其他恒星的距离相比，这只是咫尺之遥。半人马座的比邻星是离太阳最近的恒星，但二者仍相距 4.3 光年，约 4 万亿千米，相当于地球与太阳距离的 27 万多倍。我们要穿越的确实是一段漫长的真空。"旅行者 1 号"并没有在星际空间闲荡，它以 17 千米 / 秒的速度不停前行，但即使以此种速度朝着正确的方向飞行（实际并非如此），它也需要 7 万年的时间才能抵达比邻星。

这自然引发了人们对于机器人太空探测器是否有能力进行太空旅行和探索其他星系的思考，机器尚且如此，更不用说人类航天员了。然而，仍有一些大胆创新，也可以说是异想天开的概念正在酝酿之中，也许某一天星际空间旅行真的会因此成为现实。

循此苦旅，以达群星

2016 年，俄罗斯企业家尤里·米尔纳（Yuri Milner）和已故宇宙学家斯蒂芬·霍金教授宣布了突破摄星计划。这是一项雄心勃勃的计划，旨在向比邻星发射由微型机器人太空探测器组成的小型舰队。2016 年，一个国际天文学家团队使用位于智利的欧洲南方天文台（European Southern Observatory）的望远镜发现了比邻星。而突破摄星计划的探测器将访问比邻星 b（Proxima Centauri b），它是一颗围绕比邻星运行的行星。科学家们认为比邻星 b 是一个类似地球的岩质行星，且位于其恒星适合有生命存在的宜居带内，因此这颗行星十分具有探索趣味。

探测器将利用太阳帆提供的动力搭乘着太阳光飞越星际空间（见第 8 章）。不过，还有人提议利用地面上的高功率激光阵列来驱动探测器，而不是利用太阳光线。该设想作为在漆黑的星际空间中操纵太阳帆的一种方法，由美国物理学家兼科幻作家罗伯特·福沃德（Robert Forward）于 20 世纪 70 年代首次提出。

突破摄星计划需要一个总输出功率为 1 亿瓦的激光阵列，这会产生一股很大的能量。从这个角度来看，当今世界上最大的核电站——日本柏崎刈羽核电站的发电量接近 80 亿瓦。

突破摄星计划的探测器本身体积很小，每艘直径只有几厘米，重 1 克甚至更轻。2017 年，名为"星芯"（StarChip）的一大批原型机成功进入近地轨道。每个原型机携带了四个微型摄像机、一台电脑、若干微型推进器、一块钚电池、一台无线电广播发射机和一面16 平方米的反光光帆。

目前的计划要求使用火箭将母舰送入高空地球轨道，母舰将在此部署一大批"星芯"原型机。然后，由激光阵列照亮每个探测器大约 10 分钟。然而由此产生的推力很小，仅够从地球表面抬升起几百克的质量，但这是在失重的太空中，再加上有效载荷如此之轻，即使这种微小的推力也能以不可思议的速度将飞行器加速至光速的 15% ～ 20%。如果保持这个速度， 到达比邻星 b 将需要 20 到 30 年，再花费 4.3 年的时间将其新发现以光速传回地球——用无线电传输的方式。

没有什么比光速更快，可能除了坏消息。坏消息遵循它自己特定的传播规律。

——道格拉斯·亚当斯（Douglas Adams）

《基本无害》（*Mostly Harmless*）

在如此高速的飞行中，即使与微小的尘埃颗粒发生碰撞，对任何一个探测器来说都可能造成灾难性的损害。因此，为了给该计划增加一些冗余度,预计将从母舰上发射大约1000艘"星芯"原型机。

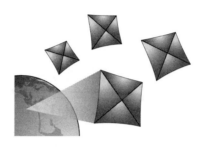

图 10-1 "星芯"原型机

一些批评人士建议,许多技术必须增强 10 倍以上,突破摄星计划才能获得成功。然而,为该计划提供咨询的科学家团队,包括天体物理学家阿维·勒布(Avi Loeb)、诺贝尔奖得主索尔·珀尔马特(Saul Perlmutter)和英国皇家天文学家马丁·里斯,都坚信该计划能够成功。

自我复制的探测器

地球是一个无与伦比的奇妙之地,但它可能不会永远存在

下去。我们迟早都要寻求新恒星的庇护。突破摄星计划就是这趟
长途旅程中激动人心的第一步。

——斯蒂芬·霍金

　　将一个探测器从我们的星系发送到另一个星系，突破摄星
计划可能是迄今最有希望实现此宏愿的计划。但那又能怎么样
呢？我们需要 20 年才能到达距离我们最近的恒星，以这种速度
依次抵达银河系剩余的 1000 颗恒星可需要好一阵工夫。有人
针对这个难题提出了一种解决方案——研发一种机器人探测器。
这种探测器能够飞到其他恒星，在不受地球直接控制的情况下自
动收集这些恒星及其行星的数据。

　　这些探测器就像原始的生命形式一样，也能够自我复制。
它们开采并征用小行星和其他星球的资源，通过机械、电子技术，
甚至纳米工程在原子或分子水平上重新排列收集到的原材料，这
样一来，该航天器及其后来的复制品将遍布整个银河系，收集
太空数据和知识，并同时创造出更多复制品。

　　目前尚没有人真正建造出或发射过这样一个探测器，也无
人成功将这一设想变为现实。这类航天器被称为冯·诺伊曼探测

器，以匈牙利裔美籍博学家约翰·冯·诺伊曼的名字命名。20世纪 40 年代，冯·诺伊曼用数学方法证明了自我复制的机器是人类探索太空最得力的助手。1980 年，美国纳米技术学家罗伯特·A. 弗雷塔斯（Robert A. Freitas）进一步发展了该设想，他通过详细的计算证明了冯·诺伊曼探测器探索星系的可行性。

2013 年的一项研究表明，这些探测器可以借助行星在太阳系中甩摆行星探测器的引力辅助手段加速。通过绕着快速自转的恒星旋转，探测器可以大幅提高其飞行速度，这样一来，这批探测器就有可能在大约 1000 万年的时间内探索整个银河系。1000万年听起来很长，但从天文学的角度来看，只是弹指一挥间。

一些科学家指出，在我们的太阳系中明显不存在任何外星球发射的冯·诺伊曼探测器，因此可以证明银河系中不存在其他智慧生命。然而，我们已经看到，即使是人类如今的科技水平也能够生产出可以逃避探测的微型机器人航天器。例如，突破摄星计划的探测器非常小，直径只有几厘米。因此，外星智慧生命很有可能正在观察我们，而我们永远无法知道。

机器人穿越银河系是一回事，但人类如何才能做到这一点呢？科幻小说中经常描写航天员在长途太空飞行期间处于冬眠状态。2019 年，欧洲航天局进行了一项研究，探究如何利用化学诱导的麻木状态将人体的代谢率降低 75%，从而大大降低人体生命支持系统的需求。这项理论研究发现，如果飞往火星的航天员进入冬眠状态，人体对水、食物和氧气的需求也随之减少，那么任务规划人员就可以将飞船的质量减少多达三分之一。这样一来，人类的火星之旅将变得容易许多。然而，该技术目前仅被考虑用于行星际任务。如果任务成功，那么下一步飞越太阳系就是顺理成章的事了。

打破法则

在科幻小说中，人类旅行者经常随意超越光速，并借此穿越银河系。尽管听起来很不可思议，但超过光速的旅行并不像爱因斯坦所宣扬的那样不可能。想要超越光速有两种方法，它们都是从爱因斯坦及他的理论中间接得来的。不过，正如我们所看到的，设想它们中的一种方法在短期内成为现实，读者可能需要发挥其天马行空的想象力。

通过局部扩展飞船背后的时空并收缩飞船前方的时空，可以使飞船实现超光速运动。

——米戈尔·阿尔库贝利（Miguel Alcubierre）

物体实现超光速运动的主要障碍是爱因斯坦 1905 年发表的狭义相对论，一种支配运动物体运动的理论。在很大程度上，狭义相对论的种种预测与牛顿早期的运动定律是一致的，但在物体高速运动的情况下，两者的理论就分道扬镳了。爱因斯坦的理论得到了实验的证实。

狭义相对论的灵感来源于詹姆斯·克拉克·麦克斯韦的电磁理论。19 世纪 60 年代提出的麦克斯韦理论得出了这样一个结论，光速是自然界的基本常数，因此，无论在什么参考系中测量，光速都保持不变。爱因斯坦推断，这与相对运动的一般概念不一致。例如，如果你坐在一辆以 50 千米 / 时速度行驶的汽车里，跟在另一辆以 30 千米 / 时速度行驶的汽车后面，那么，相对而言，你是以 20 千米 / 时的速度向另一辆汽车移动的。然而，麦克斯韦的理论表示，这并不适用于光，因为不管物体运动速度有多快，光似乎总是以相同的速度移动。

狭义相对论就是以这个假设为基础建立起来的，一些戏剧性的结果也随之而来，例如，在一个移动的参考系中，长度收缩，时钟变慢，能量和质量可以被认为是等价的（与著名公式 $E=mc^2$ 有关）。这些结果都在后来的实验中得到了验证。然而，还有另一种预测：当一个物体加速时，它的质量会随之增加，一开始缓慢增加，随后加速增加，直到物体运动达到光速，其质量最终变为无穷大。让一个质量无穷大的物体继续加速运动需要无限大的能量爱因斯坦由此推断没有任何物体能比一束光运动得更快。狭义相对论认为光速是宇宙的最大速度极限。

该结论在狭义相对论中是可行的，而且仅限于狭义相对论。然而在 1915 年，爱因斯坦又发表了他的广义相对论。该理论通过使狭义相对论中的平坦时空发生弯曲或拉伸，将引力纳入了理论模型中。这一创新的确为一些稀奇古怪的可能性打开了大门。

超时空

1916 年，在广义相对论发表后的一年，一位名叫路德维希·弗拉姆（Ludwig Flamm）的奥地利科学家引用广义相对论建立了第一个穿越时空隧道的数学模型，今天的科学家将该隧道称为"虫洞"。弗拉姆发现，如果你采用广义相对论的数学解来描述一个中心引力体（例如恒星或黑洞）周围的空间，那么这片空间就可以延伸到该引力体的核心甚至更远处，穿过一个全新的空间区域。

"虫洞"是描述这些理论对象的科学术语，由美国物理学家约翰·惠勒（John Wheeler）在 20 世纪 50 年代创造，他把虫洞比作蠕虫钻入苹果所形成的通道，从一边到另一边的直线距离比苹果的周长短。这就是虫洞在太空中可能出现的位置，在这些位置，它可以完成瞬时的空间旅行。虽然它们无法将航天器加速至超光速状态，但可以开辟出一条宇宙捷径，通过高维超空间的后巷网络连接遥远的目的地，从而大大缩短遥远的恒星系统之间的旅行时间。

图 10-2　虫洞

而问题在于如何保持虫洞出口始终呈开放状态。人们通过数学计算预测虫洞的咽喉就像一根橡皮管，而引力的作用是试图挤压它使其收缩。不过，广义相对论或许能解决这个问题。作为一种引力理论，它决定了你能想象出的任何物质所产生的引力，也就是空间曲率。

物理学家们提出了一种名为"奇异物质"的理论材料，这种物质实际上具有负压，也就是说，如果你把它注入气球或汽车轮胎，它们就会变得更平坦。然而，奇异物质的关键作用在于它能产生"反引力"，因此如果你在虫洞中插入足量奇异物质，它就能产生足够强的排斥性引力，当宇宙飞船通过虫洞时，它就能撑开虫洞的咽喉。

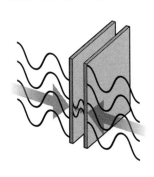

图 10-3 真空波动

遗憾的是，得到奇异物质并非易事，但实验室已经通过卡西米尔效应进行了少量生产。1948 年，一位名叫亨德里克·卡西米尔（Hendrik Casimir）的荷兰科学家发现并提出了这一现象。他发现真空中仅相隔几百万分之一米的两块金属板被它们之间的奇异物质的负压轻微地拉在一起。

这种奇异物质是由物理学家所说的"真空波动"产生的，真空波动是指大量微小的亚原子粒子在短时间内突然出现又消失的现象。量子理论认为，这些粒子同样可以被看作是波。就像吉他奏出的曲调部分取决于琴弦的长度一样，只有特定波长的波才能在两块金属板之间匹配。而从粒子的角度看，这表明在金属板之间碰撞的粒子少于在两块板之外碰撞的粒子，因此两块板之间的压力低于它的外部压力。但是如果金属板的外部空间处于零压力的真空环境中，那么金属板内部的空间压力一定小于零，或是负压。

启动！

太空之旅的科幻小说中另一种被科学事实检验过的重要概念是曲速引擎，意思是宇宙飞船可以通过使时空变形来实现超光速飞行。

如果狭义相对论至高无上，那么宇宙飞船的飞行速度将被限制在 300000 千米 / 秒的光速以下。1994 年，威尔士大学卡迪夫学院的物理学家米格尔·阿尔库贝利博士计算了曲速引擎在广义相对论的背景下的工作方式——不是让飞船在太空中移动，而是弯曲和拉伸飞船周围的空间，从而形成一种引力波，将飞船推至目的地。

就像虫洞一样，这个驱动系统也需要反引力的奇异物质。阿尔库贝利发现，如果飞船周围的奇异物质以正确的方式排列，它产生的引力效应会导致飞行器前面的空间迅速收缩，而其后面的空间将以同样的速度膨胀，顺带着两者之间的空间，以及飞行器本身，以超越光的速度向目的地飞驰而去。

你无法实现超光速运动，但你可以想象时空被有效地扭曲，使你看起来比光速还要快。

——肖恩·卡罗尔（Sean Carroll）

但是，如何真正实现曲速引擎技术，这再次将坚实的科学设想转变为现实的工程学问题。不论是保持虫洞打开，还是设计曲速引擎，所需的奇异物质都比人类能够生产的数量要多，约等于一颗行星大小的物体的质量。相比之下，卡西米尔效应产生的奇异物质的数量显得微不足道。

有趣的是，卡西米尔的实验证明，奇异物质可以在物理定律的范围内被人工创造出来，而目前人类唯一缺少的是大量生产这种物质的重要技术。然而，这样的能力似乎是人类的力所不能及之事。

启动反物质引擎！

反物质是电影《星际迷航》（*Star Trek*）和其他科幻故事的主要内容之一，在航天器推进方面，反物质十分具有吸引力，因为它能在一块小质量材料中放入大量的能量。反物质粒子与普通物质的粒子相同，但它的电荷和其他关键属性都恰恰相反。当物质和反物质相遇时，它们会相互湮灭，两个粒子的质量完全转化为能量，比相同质量的核燃料释放的能量多 1000 倍。反物质动力"星舰"将与第 8 章描述的核火箭的设计相类似，其湮灭产生的能量要么直接加热推进剂，要么被用来产生电流，以驱动电火箭（如离子发动机或可变比冲磁等离子体火箭）。反物质利用电场和磁场存在于航天器内。然而，核燃料能够在地球上自然产生，反物质却只能人为制造，这是它的主要缺点。而且人为制造过程成本高，效率低，目前一次只能产生几个原子。

2008 年，美国国防部研究了曲速引擎、虫洞和其他科学界的推测性想法，并于 2018 年发布了研究报告，当时加州理工学院物理学家肖恩·卡罗尔评论道："世界上的确存在曲速引擎，存在额外维度，存在卡西米尔效应，存在暗能量，所有这些物质都是真实存在的。但在我们有生之年或是未来的 1000 年内，任何人都不可能依据这些科学设想来建造任何东西。"

我认为人类未来将在宇宙中繁衍生息，而现在正是我们应该为此奠定基础的时候。

——基普·索恩（Kip Thorne）

换句话说，也许我们应该采取一种更为哲学的视角。不论是重于空气的飞行，还是遨游太空的畅想，在得到成功验证之前，都被那个时代伟大的科学家们认为是荒谬的妄想。远见卓识的伟大科学家兼科幻小说作家艾萨克·阿西莫夫曾提出这样一条明智的建议："你的种种假设是你观察世界的窗户。记得每隔一段时间就把它们擦掉，否则阳光就照不进来了。

术语表

Ablation
剥蚀： 通过侵蚀逐渐从物体上去除物质的物理过程。宇宙飞船上的烧蚀防热罩在燃烧和碎片脱落时带走热量。

Acceleration
加速： 物体在静止或匀速运动状态下发生的任意变化。外力的作用引起加速度。

Aerobraking
空气动力制动： 太空飞船通过掠过行星大气层的上层来降低速度的操纵动作。

Airbag
安全气囊： 将机器人航天器降落在其他行星表面的系统。在航天器周围放置一组充气气囊，以缓冲其对行星表面的撞击。

Angular momentum
角动量： 动量的旋转当量，由物体的角速度和物体在其重心附近的质量分布得出。

Aphelion
远日点： 行星或航天器在绕太阳运行的轨道上距太阳最远的点。

Breakthrough Starshot
突破摄星： 利用太阳帆向另一个恒星系统发射微型太空探测器的计划。

Delta-*v*/ △ *v*
速度增量： 火箭发动机点火使航天器产生的总速度变化。

Drag force
阻力： 物体在流体中运动时受到的阻力，如在地球大气层中运动的飞机或宇宙飞船受到的阻力。

Electric rocket
电火箭： 一种火箭发动机，通过电场和磁场来加速带电气体，从而产生高速排气流。

Electromagnetism
电磁学： 由苏格兰物理学家詹姆斯·克拉克·麦克斯韦在 19 世纪 60 年代提出的电磁场统一理论。

Ellipse
椭圆： 将一个圆做一维拉伸会得到一个椭圆。绕轨道运行的物体（如航天器）通常在椭圆轨道上运行。

Escape velocity
逃逸速度： 物体为了摆脱天体引力而必须达到的发射速度。地球的逃逸速度是 11.19 千米 / 秒。

Force
力： 引起物体加速的任何相互作用。碰撞、引力场和火箭发动机都是通过对物体施加力而产生加速度的。

Freefall
自由落体： 物体在重力场中移动而没有受到任何其他力的作用的

运动状态，例如从树上掉下来的苹果和在轨道上飞行的航天器。

G-force
重力： 地球表面物体因地心引力而产生的力。

General relativity
广义相对论： 阿尔伯特·爱因斯坦的引力理论，其中引力表现为时空曲率。

Geostationary orbit
地球静止轨道： 地球静止轨道上的卫星绕地旋转的速度与地球自转速度相同，因此从地球表面看来卫星就像是悬挂在天空中一样。

Gravity assist
引力辅助： 行星际飞船利用另一颗行星的引力来实现加速的机动动作。

Ion engine
离子发动机： 一种电火箭发动机，使带电离子气体通过电场完成加速。

Isotope
同位素： 同种化学元素的不同同位素在其原子核中具有不同数量的中子粒子，从而使它们在核反应中的行为不同。

Kármán line
卡门线： 地球与太空的分界线，位于地球表面上方100千米处。

Kepler's laws
开普勒定律： 支配行星绕太阳运动的三大定律，由德国天文学家约翰尼斯·开普勒在 17 世纪初推理而来。

Lagrange points
拉格朗日点： 在一个二体系统的联合引力场中的五个点，第三个物体可以被放置于此，并且对于其他两个物体保持相对静止。

Laser
激光： "受激辐射的光放大"的缩写，它是一种能产生非常窄的强光束的设备。

Launch escape system
发射逃逸系统： 一种火箭推进装置，在发生灾难性紧急情况时，将逃逸塔从飞船中弹出。

Launch window
发射窗口： 物理定律规定的前往特定目的地的太空任务的发射时间范围。

Lightsail
光帆： 太阳帆的变体，但使用定向激光来驱动宇宙飞船，而非太阳光。

Low Earth orbit
近地轨道： 绕地球运行的轨道，其高度介于 160 ~ 2000 千米之间。

Mach number
马赫数： 速度量词，通常用于表示飞机、导弹、火箭的飞行速度，以声速的倍数衡量，2 马赫等于声速的两倍。

Micrometeoroid
微流星体： 太空中一种微小的岩石颗粒，通常移动速度非常快，能够对宇宙飞船造成严重的损害。

Momentum
动量： 运动物体的一种特性，定义为其质量乘以速度。物体的动量越大，它在碰撞中的冲量就越大。

Multi-staging
多级技术： 一种到达太空的技术，多枚火箭相互叠加，提高有效载荷的 $\triangle v$ 值。

NERVA
火箭飞行器用核引擎： NERVA 是 NASA 开发的一种早期核热火箭发动机。

Newton's laws
牛顿定律： 17 世纪晚期由艾萨克·牛顿爵士制定的支配运动物体行为的三大定律。

Nuclear thermal rocket
核热火箭： 一种火箭发动机，其推进剂由核反应堆加热，而非化学燃烧。

O' Neill colony
奥尼尔殖民地： 一个可供人类永久居住的太空栖息地的概念，由直径 30 千米长的若干圆柱体组成，这些圆柱体通过旋转产生人工重力。

Orbit
轨道： 大型天体（如月亮、行星或恒星）引力场中的轨迹。

Perihelion
近日点：行星或航天器在绕太阳运行的轨道上距离太阳最近的点。

Radiation
辐射：在物理过程中释放出的高能亚原子粒子或电磁波。太空中的大部分有害辐射是由高能粒子构成的。

Radioisotope Thermoelectric Generator
放射性同位素热电发电机：一种利用放射性物质衰变产生的热量来发电的设备，通常缩写为 RTG，用于太阳能不足的太空任务。

Sample-return mission
采样返回任务：将天体样本返回地球实验室以供分析的太空任务。

Solar panel
太阳能电池板：一种将太阳光转换成电能的装置，为载人和非载人的长期太空任务发电。

Solar sail
太阳帆：由光（太阳光或激光）驱动的宇宙飞船，降落在帆状的巨大反射板上。

Space debris
太空碎片：报废的卫星、废弃的火箭级和烟火碎片都造成了地球轨道上越来越多的危险碎片云。

Space elevator
太空电梯：一种进入太空的方法设想，使用从地球表面延伸至地球静止轨道平台的电缆登上太空。

Space Shuttle
航天飞机：一架可重复使用的航天飞机，由 NASA 在 1981—2011 年之间运营。

Space sickness
太空病：许多太空旅行者在适应零重力环境时感到的恶心、头痛和迷失方向的症状。

Space station
空间站：供人类永久居住的太空平台，通常位于行星轨道或月球轨道上。

Special relativity
狭义相对论：阿尔伯特·爱因斯坦关于运动物体动力学的理论。该理论扩展了牛顿定律来描述物体以接近光速运动。

Specific impulse
比冲量：一个量度，与火箭发动机每单位时间单位质量的燃料燃烧所能产生的 $\triangle v$ 值有关。

Sub-orbital flight
亚轨道飞行：宇宙飞船沿抛物线向上飞入太空，到达最高点后再直线下降，没有获得足够的速度到达轨道。

Supersonic
超音速：描述物体移动速度快于声速的术语。

Terraforming
地球化：一个未来的概念，改造其他行星的气候使其类似于地球并适合人类居住。

Thermal protection system
隔热系统： 一套热防护措施，保护航天器从轨道或行星际飞行进入行星大气层时免受其产生的极高热量的损害。

Transfer orbit
转移轨道： 太阳引力场中的轨道，描绘了从太阳系中的一个行星到另一个行星的路线。

V2 missile
"V2"导弹： 人类第一枚远程弹道导弹，第一枚进入太空的人造火箭。

VASIMR
可变比冲磁等离子体火箭： 一种电火箭发动机，利用核聚变研究的技术制造高温等离子体，并通过磁力将其集中成排气射流。

Von Neumann probe
冯·诺依曼探测器： 一组自我复制的机器人航天器，可以从一颗恒星快速到达另一颗恒星，逐渐探索银河系。

Warp drive
曲速引擎： 一种理论上的航天器推进系统，通过拉伸和挤压时空结构来工作。

Wormhole
虫洞： 一种假设的穿越时空的隧道，它可以作为连接遥远恒星的捷径。

拓展阅读

关于将第一批人类送上月球的"阿波罗"计划的生动描述：

A Man on the Moon: The Voyages of the Apollo Astronauts, by Andrew Chaikin, Penguin （1994）.

"阿波罗 13 号"飞行指挥官吉恩·克兰兹（Gene Kranz）对美国载人航天计划的看法：

Failure Is Not an Option: Mission Control from Mercury to Apollo 13 and Beyond, by Gene Kranz, Simon & Schuster （2000）.

德国天才沃纳·冯·布劳恩推动美国火箭技术发展的故事：

Dr. Space: The Life of Wernher von Braun, by Bob Ward, Naval Institute Press （2005）.

"阿波罗 11 号"任务指挥舱飞行员的回忆录：

Carrying the Fire: An Astronaut's Journeys, by Michael Collins, Pan （2019）.

一位获奖太空史学家兼工程师为苏联太空计划撰写的指南:

Korolev: How One Man Masterminded the Soviet Drive to Beat America to the Moon, by James Harford, John Wiley & Sons （1999）.

一个曾经进入太空的人关于太空之旅的感受问答:

Ask an Astronaut: My Guide to Life in Space, by Tim Peake, Arrow (2018.)

截至 21 世纪初，人类的火箭技术和航天发展的全面历史:

Spaceflight: The Complete Story from Sputnik to Curiosity － and Beyond, by Giles Sparrow, DK （2019）.

引擎盖下的火箭工作原理:

Space Rockets Owners' Workshop Manual: Space Rockets and Launch Vehicles from 1942 Onwards, by David Baker, J. H. Haynes & Co. (2015).

（大部分）根据机器人太空船的种种发现编写的太阳系指南:

The Planets, by Brian Cox and Andrew Cohen, William Collins （2019）.

机器人太空探测器工作原理指南:

Space Invaders: How Robotic Spacecraft Explore the Solar System, by Michel van Pelt, Copernicus （2007）.

浏览艺术与文学作品中一些奇妙的航天器设计构想：

Spaceships: An Illustrated History of the Real and the Imagined, by Ron Miller, Smithsonian Books（2016）.

关于火箭推进和太空飞行的技术细节：

It's Only Rocket Science: An Introduction in Plain English, by Lucy Rogers, Springer（2008）.

太空殖民的发明者们揭秘太空定居：

The High Frontier: Human Colonies in Space, by Gerard K. O'Neill, Space Studies Institute（1976）.

未来居住在地球之外的人类的生存指南：

The Future of Humanity: Terraforming Mars, Interstellar Travel, Immortality, and Our Destiny Beyond Earth, by Michio Kaku, Doubleday Books（2018）.

杰出物理学家关于虫洞和相对论的权威指南：

Black Holes, Wormholes and Time Machines, by Jim Al-Khalili, Routledge（2012）.

图书在版编目（CIP）数据

浩瀚：永不止步的太空探索 / (英) 保罗·帕森斯
著；王凌，李悦宁译. — 北京：北京联合出版公司，
2022.9 （2023.3 重印）

ISBN 978-7-5596-6142-5

Ⅰ . ①浩… Ⅱ . ①保… ②王… ③李… Ⅲ . ①空间探
索—普及读物 Ⅳ . ①V11-49

中国版本图书馆CIP数据核字(2022)第059602号

浩瀚：永不止步的太空探索

Pocket Einstein: 10 Short Lessons in Space Travel

作　者：［英］保罗·帕森斯
译　者：王　凌　李悦宁
责任编辑：管　文
出品人：赵红仕
封面设计：安　宁
内文制作：泡泡猪

北京联合出版公司出版
（北京市西城区德外大街83号楼9层　100088）
北京联合天畅文化传播公司发行
文畅阁印刷有限公司印刷　新华书店经销
字数112千字　787毫米×1230毫米　1 / 32　7印张
2022年9月第1版　2023年3月第2次印刷
ISBN 978-7-5596-6142-5
定价：49.00元